W0462432

Zum Geburtstag 2004

Herzlichst
Bernhard Köbele
&
Roswitha Köbele

Wolfgang Wagner

Schlepper-Raritäten

Bibliografische Information der Deutschen Bibliothek

Die Deutsche Bibliothek verzeichnet diese Publikation in der Deutschen Nationalbibliografie; detaillierte bibliografische Daten sind im Internet über <http://dnb.ddb.de> abrufbar.

DLG-Verlags-GmbH, Eschborner Landstraße 122, 60489 Frankfurt am Main
Eilbote Boomgaarden Verlag GmbH, Winsener Landstraße 7, 21423 Winsen/Luhe OT Roydorf

1. Auflage 2004

ISBN 3-7690-0621-6

Druck auf chlorfreiem Papier

Titelgestaltung: Ralph Stegmaier, Frankfurt am Main

Repros, Druck und Verarbeitung: Druckerei Wulf, Lüneburg

Vorwort

Ein unzertrennliches „Gespann“ – der Autor und sein Lanz-Bulldog D 9506 aus dem Jahr 1939.

Die historische Retrospektive dieses Bandes ermöglicht aufgrund ausgewählter faszinierender zeitgenössischer Werbeträger eine Betrachtung von seltenen Schleppern und seltenen Prospekten über einen Entwicklungszeitraum von ca. 40 Jahren. Die spannende Geschichte der Schlepperentwicklung von 1920–1960 hat in dieser legendären Epoche die Grundformen des heutigen Großschleppers für den effizienten Einsatz in der modernen Landwirtschaft geprägt. Dazu beigetragen haben nicht nur die großen und bekannte Firmen (Allgaier, Deutz, Eicher, Fahr, Fendt, Güldner, Lanz, Hanomag, Kramer, Schlüter, MAN u.a.) sondern auch Kleinhersteller sowie ungenannte Tüftler und „Eintagsschmieden“ mit zum Teil visionären Konstruktionen (Burischek, Deuliwag, Funke & Hueck, Hagedorn, Nordtrak, Pistorius u.a.) Während des sogenannten „Schlepperbooms“ der 50er Jahre standen sich bisweilen mehr als 50 Wettbewerber gegenüber – der Marktmechanismus und nicht zuletzt die Schlepperprüfungen des KTL trennten hier die „Spreu vom Weizen“. Schließlich mussten auch die „Konfektionäre“ das Schicksal mit vielen Traktoren dieser stürmischen Entwicklungsphase teilen. Aber sie alle haben einen Beitrag zur Vollmotorisierung der Landwirtschaft geleistet, manche von ihnen einen festen Platz im Museum der Traktorengeschichte erlangt. Also Stoff und Anregung zu Genüge für die „Schlepper-Raritäten“ , wobei dem Bindestrich besondere Beachtung zu schenken ist.

Der wechselseitige Bezug zwischen den ausgewählten Schleppern und den besonderen Prospektvorlagen des Buches wird zum näheren Verständnis kurz erläutert: Das Titelbild des Buches zeigt einen MAN AS 325 A, einen bekannter Serienschlepper also – beworben aber auf einem limitierten großformatigen Sonderdruck anlässlich seiner Vorstellung auf der DLG 1950. Diese Kombination von gängigem Schleppertyp und seltenem Prospekt findet sich auch beim „Elfer“-Deutz und anderen Marken wieder.

Der legendäre Allgaier A 40 – eine absolute Rarität – wurde in Erwartung hoher Produktionsziffern vorab mit einem großzügigen Werbeaufwand angekündigt. Hier, wie auch für den seltenen Porsche „Master“ ist die Besonderheit der Darstellung natürlich auf die Maschine ausgerichtet. In einer dritten Kategorie sind weder Hersteller noch Schleppertyp überregional bekannt – das Ordnungsmuster schließt diesen Schlepper als auch den Prospekt als Rarität ein – beispielsweise bei Burischek, Ensinger, Reima, Pistorius und Wurr. Ein reich illustriertes Panorama von ausgewählten Werbegrafiken, Abbildungen und technischen Daten sowie bisher unveröffentlichten Fotos seltener Traktoren und Prototypen bieten nicht nur der „miterlebten“ Generation, sondern auch den „nachgewachsenen“ historischen Schlepperfreunden eine in dieser Form einmalige Zusammenstellung zeitgenössischer Werbung aus der Traktorengeschichte von mehr als 60 Herstellern (Marken). Dabei erlaubte die Fülle des zu sichtenden Materials keinen repräsentativen „Querschnitt“ – bei der „Qual der Auswahl“ habe ich mich neben alten Drucksachen aus den Anfängen der Motorisierung auch für die graphisch reizvollen und dem Werbecharakter der Zeit entsprechenden Motive der 50er Jahre sowie für einige seltene Werbeschriften aus der ehemaligen DDR entschieden. Für die freundliche Unterstützung durch Leihgaben und Fotos bedanke ich mich bei Michael Bach, Gerhard Burischek, Hans Butenschön, Franz Hagedorn, Horst Hintersdorf, Peter Petersson sowie dem Redaktionsteam und allen ungenannten Mitwirkenden. Mein besonderer Dank gilt Jürgen Boomgaarden, der das Projekt in allen Entwicklungsstufen fachlich und souverän begleitete und hier auch als Schöpfer des Titels „Schlepper-Raritäten“ zu nennen ist.

Ihnen, liebe Leserinnen und Leser wünsche ich nun beim Stöbern und Lesen in diesem Buch anregende Unterhaltung.

Wolfgang Wagner

Wolfgang Wagner, *Jahrgang 1947, lebt heute als Dipl.-Sozialpädagoge in Hamburg. Seine Vorliebe für Traktoren und Landmaschinen entwickelte er schon als Kind und Jugendlicher auf einem landwirtschaftlichen Großbetrieb in Niedersachsen. Seit über 20 Jahren den Freunden historischer Traktoren und Landmaschinen – insbesondere dem Lanz-Bulldog-Club Holstein e.V. sowie dem Museum am Kiekeberg im Landkreis Harburg – sehr verbunden. Sammler von alten Unterlagen und Prospekten zum Thema Landtechnik, Autor vieler Fachbeiträge für die Zeitschrift „Der Pionier“, Mitarbeit am „Schlepperjahrbuch“, Mitautor der Reihe „Prospekte berühmter Traktoren“, Autor der Bücher: „Das Unimog-Prospektebuch“, „Das Einachs-Schlepperbuch“ und „Das Raupenschlepper-Prospektebuch“.*

Inhalt

Vorwort ... 3

Einleitung ... 6

Allgaier Maschinenbau GmbH ... 21
Uhingen/Friedrichshafen
Allgaier Dieselschlepper Typ A 40, 40 PS (1951)
Allgaier Plantagenschlepper Typ Porsche 312
mit Benzinmotor (1954)

H. Battenberg ... 27
Bäumenheim/Bayern
Raupen- und Radschlepper, wahlweise umrüstbar (1953)

L. Bautz AG ... 29
Saulgau/Württemberg
Bautz Dieselschlepper, Zanker Motor 14 PS (1950)

Bayerische Traktoren- und Fahrzeugbau GmbH ... 31
München
BTG Allradschlepper Typ 4/32, Deutz Motor 32 PS (1956)

Gebr. Böhringer GmbH ... 33
Unimog-Fahrzeugbau, Göppingen
Universal-Motorgerät Unimog Typ 2010, 25 PS (1948)

J. E. Burischek ... 35
Maschinen- und Schlepperbau, Breitenbrunn
Allradschlepper „Kleinland", MWM Motor 18 PS (1953)

Gebr. Claas Maschinenfabrik GmbH ... 37
Harsewinkel
Selbstfahrer „Huckepack", Mähdrescher und Geräteträger,
13 PS (1956)

Deuliwag Traktoren und Maschinen GmbH ... 39
Lübeck/Hamburg
Allradschlepper D 25 V, MWM Motor 25 PS (1958)

Klöckner-Humboldt-Deutz AG ... 43
Köln
Bauernschlepper „Elfer-Deutz", F1M 414-Motor 11 PS (1949)

Gebr. Eicher Traktoren-
und Landmaschinenwerke ... 45
Forstern
Eicher Diesel 16 PS, weltweit erster luftgekühlter
Dieselschlepper (1948)

Ensinger Fahrzeugbau ... 47
Michelstadt
Ensinger Dieselschlepper AS 20, MWM Motor (KD) 20 PS
(1950)

Maschinenfabrik Fahr AG ... 49
Gottmadingen
Fahr Ackerschlepper T 22, Deutz Motor 22 PS (1941)

FAMO Fahrzeug- und Motorenwerke ... 51
Breslau
FAMO Ackerschlepper, Kämper Dieselmotor 42/45 PS (1938)

Xaver Fendt Schlepperbau ... 53
Marktoberdorf
Fendt „Dieselross", MWM Motor 24 PS (1953)

Funcke & Hueck Maschinenfabrik ... 55
Hagen
Grams LKS-Universalkleinschlepper
mit Überkopfladevorrichtung und Pritsche (1951)

Gutbrod Motorenbau GmbH ... 57
Plochingen
Gutbrod „Farmax" Geräteträger mit Heckmotor, 10/14 PS (1949)

Güldner Motorenwerke ... 59
Aschaffenburg
Güldner Bauernschlepper A 20, Güldner-Lanova Dieselmotor
20 PS (1940)

Gebr. Hagedorn & Co. ... 63
Maschinenfabrik, Warendorf
Hagedorn Dieselschlepper HS 15 (1949)
Hagedorn Dieselschlepper HS 25 (1950)

Hanomag Maschinenbau AG ... 69
Hannover
Hanomag Bauernschlepper S 20 (1936)
Hanomag Radschlepper R 25 (1951)
Hanomag Radschlepper R 40 (1951)
Hanomag Kettenschlepper KV 50 (1951)

Holder GmbH ... 75
Maschinenfabrik, Grundbach
Holder Allrad-Knicklenker „Cultitrac" A 12 (1958)

Huber & Wössner OHG ... 77
Fahrzeugbau, Bad Peterstal
Kleinschlepper und Geräteträger „Mulag"
(Motor-Universal-Lasten-Arbeits-Gerät)
Ilo Dieselmotor (1957)

International Harvester Company mbH ... 81
Neuß am Rhein
McCormick „Farmall" Typ DF 25, 25 PS (1951)

Iruswerke ... 83
Dusslingen
Irus Dieselschlepper DS mit Verdampfermotor (1939)

Gottfried Kelkel Fahrzeugfabrik ... 87
Tamm/Württemberg
Kelkel Allweg-Schlepper Typ JK 15, mit Triebachs-Anhänger
(1950)

Maschinenfabrik Gebr. Kramer ... 89
Gutmadingen/Baden
Kramer „Allesschaffer", Güldner-Lanova Kleindieselmotor
Typ K 12/K 18, 12 und 16 PS (1937)

Kühne & Berger GmbH ... 91
Sassbach/Baden
Dreirad-Kleinschlepper „Dieselzwerg", 7,5 PS (1950)

Heinrich Lanz ... **95**
Mannheim
Bulldog 12 PS, der erste Rohölschlepper der Welt (1921)
Schnittmodell D 9506, „Der Schlepper von Weltruf" (1939)
Eil-Bulldog D 7539, 25 PS (1941)

Hermann Lanz ... **103**
Aulendorf/Württemberg
Hermann Lanz-Bauernschlepper, Deutz Motor 22 PS (1940)

Linke-Hoffmann-Busch ... **107**
Waggon-Fahrzeugbau-Maschinenbau GmbH
Braunschweig/Salzgitter
LHB Leichtbauraupe „Robot", Modag Motor (Lizenz Primus), 25 PS (1953)

Maschinenfabrik Augsburg-Nürnberg AG (MAN) ... **109**
Werk Nürnberg
MAN Ackerdiesel AS 325 H (1949)
MAN Ackerdiesel AS 325 A, 30 PS (1949)

Metallwerk Greussen ... **113**
Carl Tabel, Nürnberg
Vollgeräteträger „Unitrak", Dreiradschlepper mit Frontantrieb, 10 PS (1949)

MIAG Fahrzeugbau GmbH ... **115**
Ober-Ramstadt/Hessen
MIAG Ackerschlepper AD 22, MWM Motor (1950)

Norddeutsche Traktorenfabrik ... **119**
Franz Westermann, Bergedorf
Nordtrak Allradschlepper „Stier" Typ St 45, 45 PS (1955)

NORMAG mbH ... **123**
Nordhausen
Normag Dieselschlepper, gebaut in Nordhausen (SBZ), 20/22 PS (1947)

Orenstein & Koppel AG ... **125**
Bochum
O&K Diesel-Kompressorschlepper Typ S 32 K, V-Motor 32 PS (1954)

Heinrich Pistorius ... **127**
Königslutter
Motorvorderwagen „Pistorius", Vorläufer des Schmotzer Vielfachgerätes (1952)

Porsche-Diesel Motorenbau GmbH ... **129**
Friedrichshafen/Bodensee
Porsche-Diesel „Master", „Stärkster Schlepper mit 50 PS" (1960)

PRIMUS Traktoren Gesellschaft mbH ... **131**
Berlin-Lichtenberg
Bauernuniversalschlepper „Westfalia", Deutz Verdampfer-Motor 9–14 PS, Vertrieb für Fa. Hagedorn (1938)

Reima Maschinenfabrik Reinhold Matthiass ... **137**
Erfurt
Reima Ackerschlepper, „Konfektionsschlepper" Modell DSA 22/17, MWM Motor 20/22 PS (1939)

Karl Ritscher GmbH ... **139**
Sprötze/Kreis Harburg
Ritscher Dreiradschlepper Typ 320 (1949)
Ritscher Vierradschlepper Typ 420 (1949)
Ritscher Grabenreiniger 540 (1954)

Maschinenfabrik E. Röhr ... **145**
Landshut
Röhr Schlepperprogramm 1953/54, Radschlepper R 15, R 28, R 40 (1954)

Ruhrstahl AG ... **151**
Annener Gußstahlwerke, Witten-Annen
Ruhrstahl-Geräteträger, Henschel Motor 20 PS (1953)

Anton Schlüter ... **155**
Freising
Schlüter Diesel-Kleinschlepper Typ DS 15, 15 PS, Typ DS 25, 25 PS (1959)

Motorenfabrik München-Sendling ... **157**
O. Vollnhals K.G., München
Sendling Diesel-Kleinschlepper Typ AS 7, 15 PS (1950)

Andreas Stihl Maschinenfabrik ... **159**
Wailbingen-Neustadt
Stihl Allzweck-Dieselschlepper Typ 144, luftgekühlter Volldieselmotor 14 PS (1954)

Stock-Motorpflug GmbH ... **163**
Berlin
Stock Dieselschlepper, Deutz Motor F 2M 313, 20 PS (1937)

J. Sulzer Fahrzeugbau ... **169**
Harthausen
Sulzer Allradschlepper S 28 A, „Konfektionsschlepper" (1954)

Bernhard Teupen ... **171**
Ochtrup
Kleinschlepper „Teupenia" Typ Standard D 15, 15 PS (1952)

Urus-Werke GmbH ... **173**
Wiesbaden
Urus Allradschlepper „Urus", 15 und 25 PS (1950)

VEB-Traktorenwerk ... **175**
Schönebeck (Elbe)
Geräteträger RS 09, Austro Dieselmotor D 21, 18 PS (Lizenz Warchalowski) (1957)
Radschlepper Famulus 36 Typ R 14/36, 36 PS (1960)

Fahrzeugbau Widmann ... **181**
Waiblingen
Kleinschlepper „Fawi", Frontachsantrieb, 8–10 PS

Wolfenbüttler Traktorengesellschaft WOTRAK ... **183**
St. Andreasberg
Dieselschlepper „Wotrak", „Konfektionsschlepper", 22 PS (1949)

August Wurr ... **185**
Hamburg-Volksdorf
Kleinschlepper „Wurr", Junkers Gegenkolben-Motor 12,5 und 25 PS (1937)

Herbert Zettelmeyer AG ... **189**
Konz
Zettelmeyer Ackerschlepper Z 1, Deutz Motor 20 PS (1936)

Die Zahlen in Klammern geben das Druckjahr des Prospektes an.

Eine außergewöhnliche Schlepperparade...

Raritäten, Klassiker und Sonderformen im deutschen Schlepperbau

Der „High-tech"-Schlepper von heute ist das wichtigste Arbeitsmittel in der modernen Landwirtschaft. Doch es sind gerade einmal 100 Jahre vergangen – als noch Pferde, Ochsen und Kühe als tierische Antriebskräfte weitgehend die Feldbestellung in der Landwirtschaft prägten.
Keine Epoche hat die Nahrungsmittelproduktion nachhaltiger beeinflusst als der rasante technische Umbruch von der Pferdeanspannung zur vollautomatisierten Agrarindustrie.
Mit dem Übergang aus der frühen Pionierzeit der Dampfpflüge zum Motorpflug leitete der Radtraktor von Fordson in Fließbandfertigung ab 1918 den entscheidenden Durchbruch zur Motorisierung der Landwirtschaft in Amerika und Europa ein.
Trotz des Erfolges des Fordson folgten die deutschen Traktorenbauer nicht dem amerikanischen Vorbild. Hohe Treibstoffkosten zwangen zu einer konstruktiven Verbesserung von Diesel- und Glühkopfmotor. Mit dem „Benz-Sendling" wurde 1923 der erste kompressorlose Dieselmotor der Welt gebaut.
Der „große Wurf" gelang Lanz mit dem hubraumstarken, einzylindrigen Glühkopfmotor „Bulldog" in Serienfertigung. Aber auch Hanomag, Deutz und weitere Hersteller überzeugten mit mehrzylindrigen, sparsameren Dieselmotoren. Mit der Weltwirtschaftskrise endete die erste Blütezeit der deutschen Schlepperindustrie, um dann erst unter den agrarpolitischen Veränderungen ab 1935 die Produktion wieder hochzufahren. Parallel entwickelten sich unabhängig von der industriellen Schlepperfertigung sogenannte Bauernschlepper und eine Gattung von Kleinschleppern und Sonderfahrzeugen.
Der ungeheure Nachholbedarf der deutschen Landwirtschaft nach dem 2. Weltkrieg führte zu einem enormen „Schlepperboom" und einer beispiellosen Mechanisierungswelle. Kleinbetriebe und Einzelunternehmer versuchten sich als Traktorenbauer – ungeachtet ihrer späteren Praxistauglichkeit und Marktfähigkeit.
Bahnbrechende Entwicklungen wie Gummibereifung (1930), luftgekühlter Dieselmotor (1948), Universalmotorgerät Unimog (1948), Geräteträger (1950), ölhydraulische Strömungskupplung (1950), Dreipunkthydraulik (DIN-Normung ab 1958), unter Last schaltbare Getriebe (1963), erste Versuche mit Wandlergetrieben und hydrostatischem Fahrantrieb (1969), verbesserter Fahrkomfort (Schlepperkabine) sowie wesentlich leistungsfähigere Dieselmotoren mit Direkteinspritzung schafften die Voraussetzungen für die Ausbildung des Standard-Traktors, der sich mit dem Durchbruch des Allradantriebes ab 1975 zum heutigen Ackergiganten entwickelte.
In einer besonderen „Schlepperparade" aus 40 Jahren Traktorengeschichte präsentiert die nachfolgende Retrospektive epochale Schrittmacher, typische Baumuster sowie individuelle kurzlebige Nischenprodukte anhand ausgewählter Prospekt-Exponate und seltener Originalfotos.

Allgaier

In Uhingen folgte 1947 dem ersten Schwungradschlepper mit 18 PS bald einer der erfolgreichsten Bauernschlepper überhaupt – der A 22, bestückt mit einem 22 PS-Verdampfer-Motor, der in Auftragsarbeit von dem Konstrukteur Strohhäcker bei der Firma Kaelble entwickelt worden war. Dieser Motortyp erfreute sich aufgrund seiner

Der Allgaier A 40 ...und es gab ihn wirklich!

absoluten Betriebssicherheit großer Nachfrage und wurde in ca. 20.000 Einheiten bei Allgaier in unterschiedlichen Schleppern verbaut (R 18/R 22/A 22). Die Weiterentwicklung leistungsstärkerer Schlepper mit stehenden Zweizylinder-Motoren (A 30/30 PS und A 40/40 PS) wurde nach geringer Auflage eingestellt. Der A 40 war überwiegend für den Export vorgesehen – in Sammlerhand befinden sich von dieser „Legende" nur wenige handverlesene Exemplare. Diese Rarität wird in einem seltenen mehrseitigen Vierfarbdruck ausführlich in Technik und Funktion vorgestellt. Auch der Plantagenschlepper A 312 mit einem 25 PS-Benzinmotor sorgte mit seiner futuristisch anmutenden Verkleidung im Jahre 1952 für besondere Beachtung – vorgesehen war er für den Einsatz auf Baumwollfeldern in Südamerika.

„Die Nase vorn...": Porsche „Master" in seltener Sonderausführung mit höher gelegter Plattform und verlängerten Fußpedalen. *(Sammlung Jörn Neunzig)*

Ein „großer Wurf“ gelang Allgaier mit dem ersten luftgekühlten AP 17, dem sogen. „Porsche“-Schlepper mit 18 PS, vorgestellt auf der DLG 1950. Dieser Aufsehen erregende Traktor begründete den erfolgreichen Ausbau der Typenreihe mit ein- und zweizylindrigen luftgekühlten Dieselmotoren nach dem Baukastensystem (A 111/A 113/144). In der Zulassungsstatistik von 1950 rangierte Allgaier mit 4.817 Schleppern hinter Deutz und Lanz auf dem dritten Platz (siehe Tabelle Seite 17). Die Produktion wurde 1955 aus betriebswirtschaftlichen Gründen an Porsche in Friedrichshafen übergeben. Das markante Schleppergesicht, die formschön gerundeten „Nasenhaube“ des Allgaier-Schleppers, zierte fortan auch jeden „Junior“, „Standard“, „Super“ und „Master“ bei Porsche.

Einer der letzten BTG Allrad-Schlepper aus dem Jahre 1959 mit Deutz Motor F 3L 712 und 39 PS im Feldversuch.

Bavarian Truck Company (BTG)

In Bayern fertigte die Bavarian Truck Company (später umbenannt in Bayrische Traktoren Gesellschaft BTG) Allrad-Dieselschlepper in unterschiedlicher Ausführung und Motorbestückung.
Zunächst wurden auf dem Originalchassis des Willy’s „Jeep“ Kleinmotore von Deutz, MWM oder Hatz zwischen 11 und 15 PS montiert. Die erweiterter Ausstattung erstreckte sich auf Mähwerksantrieb, Zapfwelle, Riemenscheibe und Spillbetrieb. Diese Ausführung mit der Bezeichnung BTC S-14 „Bavaria“ besaß einen zuschaltbaren Vorderradantrieb sowie ein Vierganggetriebe. Die Getriebeabstufung des Jeep wurde beibehalten, lediglich die Gesamtuntersetzung reduziert und der Radstand verkürzt.
Spätere Typen auf eigenem Fahrgestell in Rahmenbauweise mit Motoren von Deutz (z.B. F3 L 712) und Perkins verfügten mit Vierradantrieb und Allradlenkung über eine ausgezeichnete Geländegängigkeit, überdurchschnittliche Zugkraft und waren mit 35 PS (1959!) im oberen Leistungssegment dieser Epoche angesiedelt.
Mit der Einstellung der Produktion im Jahre 1961 hatte die Firma dennoch einen erheblichen Beitrag am Wiederaufbau der Schlepperindustrie unter einem offensiven Bekenntnis zum Allradprinzip geleistet.
Neben dem eher schlichten aber unverzichtbaren Prospekt dieses Traktors zeigt ein bisher unveröffentlichtes Foto einen BTG-Schlepper mit 39 PS im Feldversuch des Instituts für Landtechnik in Weihenstephan aus dem Jahre 1960.

Boehringer

Eine völlig neuartige Konzeption eines „Universalmotorgerätes“ nahm mit der ersten Handskizze einer Fahrgestell-Studie der Ingenieure Albert Friedrich und Heinrich Rößler im Jahre 1945 ihren Anfang, welche mit dem Unimog ihren Siegeszug um die Welt antreten sollte.
Bereits im Oktober 1946 konnten mit einem Prototyp erste Praxisversuche unternommen werden. Den Antrieb besorgte ein 1,7 l-Vergasermotor von Daimer-Benz (Typ M 136), der später von dem erfolgreichen Vorkammer-Dieselmotor (OM 636) mit 25 PS abgelöst wurde. Ein vierstufiges Seriengetriebe (ZF) sorgte für die abgestufte Kraftübertragung auf die Portalachsen.
Auf der ersten landwirtschaftlichen Ausstellung nach dem Kriege wurde der Unimog 1948 in Frankfurt einem erstaunten Fachpublikum vorgestellt.
Bei der Firma Gebrüder Boehringer gingen die ersten Maschinen unter der internen Baumusterbezeichnung 70200 in eine kleine Serienfertigung. Die Daimler-Benz AG übernahm die Produktion ab 1950 in ihrem Werk Gaggenau unter der Typenbezeichnung 2010.
In ersten Werbeschriften wird der Unimog als schnellster und stärkster Schlepper seiner Klasse, mit unverwüstlichem Dieselmotor, mehrstufigem Getriebe, Allradantrieb, zwei Differentialsperren, gefederten Portalachsen, Zapfwellenantrieb vorn und hinten, Kraftheber, Riemenscheibe, Ladepritsche, Fahrerhaus und ergänzenden Anbauvorrichtungen sowie einer hohen Bodenfreiheit und „unschlagbarer“ Geländegängigkeit vorgestellt. Der Unimog wurde 1951 für seine hervorragenden Eigenschaften von der DLG mit der „Silbernen Preismünze“ ausgezeichnet.
Zehn Jahre später wird mit dem legendären Erfolgsmodell U 411 bereits die 50.000ste Maschine verkauft – 1963 erhält er einen „großen Bruder“, den U 406 mit einem Sechszylinder-Motor und einer Leistung von 65 PS.
In der Vereinigung von Zugmaschine, Transportfahrzeug und Geräteträger und dem maßgeschneiderten Equipment diverser Hersteller eroberte sich dieser „Geniestreich von Reißbrett“ seinen Platz in der Schleppergeschichte.
Der seltene Prospekt anlässlich der ersten öffentlichen Präsentation des Unimog 1948 stammt aus dem persönlichen Nachlass von Ingenieur Albert Friedrich, dem „Vater“ des Unimog.

Erster Auftritt eines Epochemachers – bescheidene Werbung für den „Unimog“ 1948 auf Dünndruckpapier in limitierter Auflage.

„Röntgenbild“ vom Unimog 2010 – deutlich erkennbar ist die Rahmenbauweise, Triebwerksanordnung und die für damalige Verhältnisse ungewöhnliche Fahrwerksfederung.
(Sammlung Holger Wiese)

Burischek

Ernst Burischek eröffnete als junger Kfz-Meister in Märisch-Schönberg (heute Tschechien) eine Reparaturwerkstatt und übernahm Werksvertretungen für Motorräder und Automobile. Ab 1936 begann er eine Opel-Vertretung. Nach Vertreibung und Kriegsgefangenschaft führte ihn sein Weg in das Unterallgäu nach Bayern. Hier konnte er sich zunächst mit kleinen Reparaturen in der Landwirtschaft über Wasser halten und errichtete nach bescheidenen Anfängen ein kleines Werkstattgebäude in Breitenbrunn. Ernst Burischek nahm den Handel und Vertrieb von landwirtschaftlichem Zubehör auf, welches er in kleinerem Umfang auch selbst herstellte. Doch die Bauern der Umgebung benötigten für ihre Moorböden und steilen Hanglagen geländegängige Traktoren – einen Unimog gab es noch nicht – und konfrontierten ihn häufiger mit dem Wunsch nach einer solchen Maschine. Die Wende brachte dann ein Bauer, der unbedingt von ihm für die alten Ziehwege auf die Alphütten einen Traktor gebaut haben wollte. Aus einer verkürzten Ford-Lkw-Hinterachse und einem in Mannheim – gegen ein halbes Schwein im Tausch – erworbenen fabrikneuen MWM-Motor schraubte Ernst Burischek seinen ersten Schlepper zusammen. Der nun fest gefasste Vorsatz, den Bauern im Allgäu eine bergtüchtige Allradzugmaschine zu liefern, war nicht mehr aufzuhalten. Ausgemusterte Achs- und Getriebekomponenten des Willys „Jeep“ aus zurückgelassenen Beständen der US-Armee wurden auf einer eigener Halbrahmenkonstruktion mit einem 12 PS-Zanker-Motor über eine Kardanwelle mit dem Getriebe bei einer Untersetzung von 3:1 verbunden. Die getriebene Vorderachse pendelte mittig fest in einem geführten Lager unter dem Motorblock. Die Maschinen wurden mit selbst gefertigten Radschutzblechen und zweckmäßigen Motorhauben aus gerade verfügbaren Karosserieelementen unterschiedlicher Anbieter sowie Zubehör aus dem Konfektionsbereich ausgerüstet. Mit zunehmender „Serienreife“ konnten dann die ersten montierten Schlepper ab 1949 als Allgäuer Allradschlepper unter der Markenbezeichnung „Kleinland“ an vorgemerkte Kunden abgegeben werden. Die kleine Firma wurde um einen Mitinhaber erweitert und nannte sich fortan Burischek & Herrmann/Breitenbrunn, Maschinen- und Schlepperbau. Die Fertigung beschränkte sich auf zwei Kleinland-Typen in Ausführungen von 15 und 18 PS. Während der 15 PS-Schlepper mit einem modifizierten Zanker-Motor der zweiten Generation bestückt wurde, erhielt der 18 PS-Schlepper das MWM-Triebwerk AKD 11 Z. Wesentliches Unterscheidungsmerkmal war neben dem stärkeren Dieselaggregat ein Getriebe neuester Blockkonstruktion mit zuschaltbarer Differentialsperre der Hinterachse. Der normale Lieferumfang bestand aus Kühlerschutzhaube, Handgasregulierung, Armaturenbrett, Ackerschiene, Einzelradbremse und Kotflügelsitzen. Die Ausrüstung mit Sonderzubehör umfasste Mähwerk, Zapfwelle, Riemenantrieb, Betriebsstundenzähler, eine kleine Heckseilwinde mit Bergstütze sowie ein Allwetterverdeck incl. Panoramascheibe. Vordere Kotflügel wurden auf Wunsch gesondert montiert und berechnet. Die klassische Haube aus Beständen des Presswerkes von LHB zierte ein Rautenemblem mit dem Schriftzug „Kleinland“ im Kühlergrill. In wenigen Exemplaren baute Burischek auch einen Hinterrad getrieben Kleinschlepper „Pony“, der von einem 9 PS Sendling-Motor angetrieben wurde.

Rarität 1: Burischek-Allrad-Schlepper „Kleinland“ mit 18 PS-MWM-Motor.
(Foto : Gerhard Burischek)

Der Getriebeschalthebel war unter dem Schleppersitz angeordnet.
Von 1949–1956 sollen Kleinland-Traktoren in „wenigen hundert Exemplaren" hergestellt und auch in die angrenzenden Nachbarländer Österreich und die Schweiz geliefert worden sein.
Ernst Burischek widmete sich im Ruhestand ausschließlich der Restauration von Motorrädern und Automobilen und starb im Jahr 1998 im Alter von 94 Jahren. Das sensationelle Prospekt- und Fotomaterial über die „Kleinland"-Schlepper wurde bisher nicht veröffentlicht.

Rarität 2: Burischek „Konfektionär" – 18 PS Kleinland-Schlepper mit Mähwerk.

Rarität 3: Burischek-Kleinschlepper „Pony" mit 9 PS Sendling Motor – das Schaltgetriebe hat die Größe einer Zigarrenkiste.
(Foto: Gerhard Burischek)

Deuliwag

Eine „revolutionäre Neuentwicklung" startete die Deutsche Lieferwagen-Gesellschaft (Deuliwag) nach Wiederaufnahme der Schlepperproduktion in Lübeck.
Der in Kooperation mit Prof. Preuschen bei MWM in Mannheim entwickelte Prototyp ASA–Allradschlepper mit gleich großen, hohen sowie schmalen Rädern und einer optimalen Gewichtsverteilung bei geringem Eigengewicht diente als Vorlage des weiterentwickelten und unter der Bezeichnung Record D 25 V im Jahre 1950 auf den Markt gebrachten „Revolutionärs". Bestückt war er mit einem 25 PS starken MWM Wirbelkammermotor (KDW 415 Z).
Auf der DLG-Schau in Frankfurt wurde dieser Schlepper von Fachleuten als die „beachtenswerteste Neukonstruktion auf dem Schleppergebiet" bezeichnet. Zur Demonstration seiner außerordentlichen Zugkraft bewältigte er auf der präparierten „Schlammpiste" der Messe spielend einen angehängten dreischarigen Scheibenpflug mit einer Arbeitsbreite von 75 cm und einer Pflugtiefe von 30 cm. Diese Zugleistung wurde bei einem Eigengewicht des Schleppers von nur 1950 kg erbracht. Das unbändige Drehmoment auf die Antriebsräder zu übertragen bereitete den Antriebswellen häufiger Probleme. Existentielle Schwierigkeiten jedoch bereiteten dem Produzenten die geringe Akzeptanz dieses Sondergerätes sowie sein hoher Preis. Der Schlepper in einfacher Grundausstattung ohne Mähwerk und Hydraulik kostete 1951 bereits 8.750,– DM.
Trotz eines innovativen Konzeptes und einer pfiffigen Werbestrategie („...da der Deuliwag-Allrad Record mit allen seinen Vorzügen und ohne teuer zu sein einen normalen 30 PS-Schlepper ersetzt, haben wir folgerichtig unseren bisherigen 30 PS-Standard-Schlepper aus unserem Programm gestrichen.") stagnierte der Absatz. 1952 musste in Lübeck die Fertigung der gesamten Deuliwag-Palette eingestellt werden.
Dieser Schlepper wurde nur in geringen Stückzahlen aufgelegt – seine typischen Konstruktionsmerkmale sind in der historischen Würdigung unbestritten als ein Baustein auf dem Weg zum allradgetriebenen Großtraktor der Neuzeit zu bewerten.
Der Sonderprospekt aus dem Jahre 1949 zur Vorbereitung der Präsentation des D 25 V auf der DLG im Jahre 1950 stammt aus persönlichen Unterlagen des Firmeninhabers.

Der bei MWM in Mannheim vom Prof. Preuschen entwickelte Prototyp ASA–Allradschlepper (1948). (Foto: Michael Bach)

Deuliwag D 25 V auf dem Vorführfeld der DLG 1950 vor der Bewährungsprobe am Pflug.

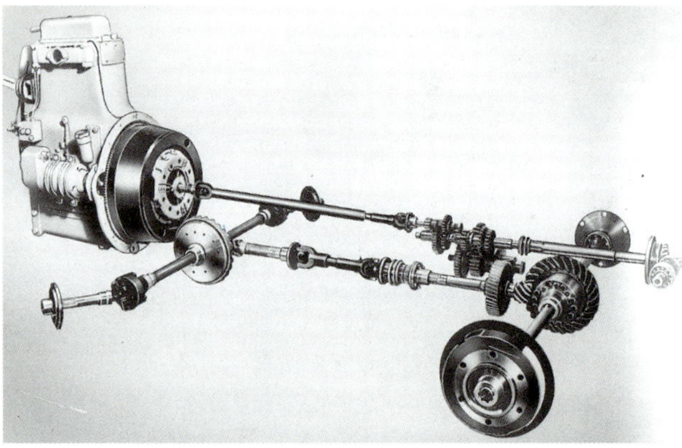

Schematische Darstellung des Allradtriebwerkes beim D 25 V.

Eicher

Die Wiege der späteren „Raubtiere" befand sich in einer ländlichen Reparaturwerkstatt für landwirtschaftliche Maschinen in Forstern. Der Weg zum ersten Schlepper führte die Brüder Josef und und Albert Eicher über Experimente im väterlichen Betrieb mit Motormäher und „Vielzweckmaschine". Auf der DLG im Jahre 1937 sorgte ihr ED 37 mit einem 20 PS-Deutz-Motor und Prometheus-Getriebe für Furore; sein durchschlagender Erfolg (1941 bereits 1000 Schlepper verkauft) führte zur Aufnahme in den sogenannten „Shell-Plan". Kriegsbedingt musste dann in Forstern die Fertigung auf Flugzeugmotore für BMW umgestellt werden – für die Eicher-Brüder Anlass, sich mit den konstruktiven Merkmalen der Luftkühlung auseinanderzusetzen, um dann im Jahre 1948 den weltweit ersten luftgekühlten Dieselschlepper mit Direkteinspritzung unter der Bezeichnung ED 16 vorzustellen. Das markante Luftgebläse der Einzel-Radialluftkühlung war fortan unverwechselbares Erkennungsmerkmal eines jeden Eicher-Motors. Mit diesem Triebwerk gelang der Sprung in die Großserienfertigung mit über 120 000 Einheiten. Einem weiteren zukunftsweisenden Konzept des HR-Schleppers mit hydro-statisch-reversierbarem Fahrantrieb „Dowty-Taurodyn" blieb der Erfolg versagt. Der enorme Kraftbedarf des Wandlers wurde von ED-Motoren der 40/50 PS-Klasse abgegeben. Mit einem einzigen Pedal konnte dieser Schlepper in allen Funktionsbereichen ohne Kupplung und Schalthebel gesteuert und sogar gebremst werden. In dem sehr seltenen Prospekt aus dem Jahre 1964 werden die „revolutionierenden Vorteile" dieses in nur geringer Stückzahl gefertigten Traktors werbewirksam in Szene gesetzt.

Mit der Konzeptstudie eines vollautomatisch arbeitenden Kipppfluges „Agrirobot" versetzte Eicher die Fachwelt 1964 einmal mehr in Erstaunen. Ein einachsiges Grundgerät, getrieben von einem 54 PS starken ED-Mammut-Motor war an seinen Rahmenenden mit je einem Pflugkörper verbunden und führte den gesamten Arbeitsgang mittels hydraulisch-mechanischer Steuerung führerlos durch. Die Umsteuerung der Maschine am Furchenende wurde durch Tastarme und Radsensoren ausgelöst.

Eicher H-R Schlepper – seiner Zeit voraus: Die Regelung von Antrieb, Fahrgeschwindigkeit und Bremse erfolgte mit nur einem Pedal.

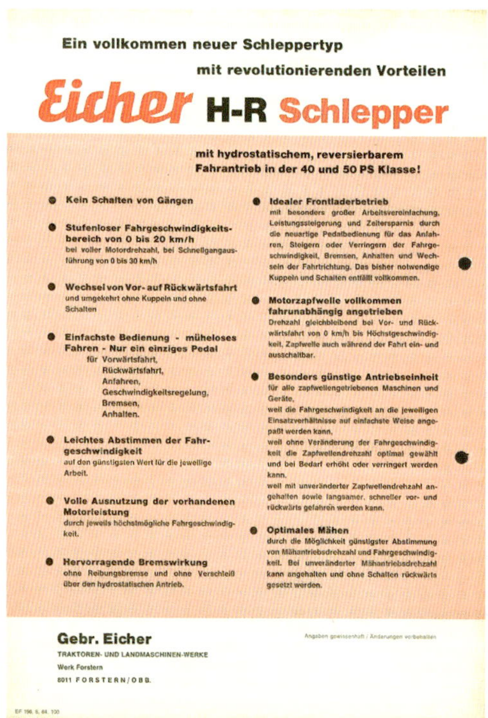

„Zukunftsmusik“ – der Agrirobot von Eicher im Feldversuch des Instituts für Landtechnik Weihenstephan.

Fendt

Aus der konstruktiven Verwandtschaft mit seinem Motormäher stellte Fendt mit dem „Dieselroß“ F 18 aus dem Jahre 1930 den ersten Kleindiesel-Traktor mit fahrunabhängiger Zapfwelle vor. Die Bezeichnung „Dieselroß“ entwickelte sich zum Gattungsbegriff für den Fendt Traktor schlechthin, der sich zunehmender Beliebtheit nicht nur auf bayerischen Bauernhöfen erfreute. Die unaufhaltsame Entwicklung zu einem der marktführenden Schlepperhersteller ist in der Fachliteratur umfassend dokumentiert. Die Aufnahme luftgekühlter Schlepper in das Programm entsprach mit dem F 24 L zunehmenden Kundenwünschen. Im Jahre 1954 konnte dieser Schlepper alternativ mit Luft- oder Wasserkühlung (F 24 W) angeboten werden. Dieses erfolgreiche Modell wurde auf einem hervorragend gestalteten seltenen Prospekt mit dem Prädikat „luftgekühlt“ beworben. Der weiter hier abgebildete Prototyp eines 28 PS „Favorit“ mit stufenlosem hydrostatischen Getriebe aus dem Jahre 1959 stammt aus bisher unveröffentlichten Entwicklungsunterlagen des Konstrukteurs Albrecht und markiert die historische Schnittstelle zur „Turbomatik“ bei Fendt.

Cockpit des Versuchsschleppers im „Labor“ mit Schaltstufenautomat rechts neben der Steuersäule.

Der erster Schlepper bei Fendt mit hydrostatischem Schaltgetriebe (Prototyp 1959).

Güldner

Die Güldner-Motorenwerke in Aschaffenburg führen ihren Ursprung auf Hugo Güldner, einem herausragenden Pionier der Motorenkonstruktion, zurück. Zusammen mit Rudolf Diesel entwickelte er um die Jahrhunderwende einen betriebsfähigen liegenden Zweitakt-Dieselmotor. Die Firma Güldner trat im Jahr 1938 mit dem A 20, einem 20 PS starken Bauernschlepper, in die industrielle Fertigung ein und setzte mit der erfolgreichen Europareihe neue Standards modernster Schleppertechnik. Mit dem „Paradepferd" der G-Reihe, einem allradgetriebener Großschlepper mit 75 PS (G 75 A) endete die Produktion im Jahr 1969.
Für „außergewöhnliche Aufgaben" wurde 1961 ein allradgeriebener Zweiwege-Kleinschlepper unter der Bezeichnung V2 K mit 15 PS entwickelt. Dieser kleine „Hai" konnte sich nicht zur Serienreife „durchbeißen" – die Herstellung beschränkte sich auf nur wenige Vorserientypen. Auf einem heute vergriffenen Prospekt aus dem Jahr 1961 wird der Steilhang als sein Element gepriesen, wobei für den Einsatz in bergigem Gelände mit Hangsteuerung die Sitzschale schwenkbar gegen die Hangneigung zu fixieren war. Das Konzept sah eine umfassende Ausrüstung einschließlich Hydraulik und Mähwerk mit Vierradlenkung, Vierradfederung und Vierradbremsung vor. Sogar die Achsen waren federnd gelagert. Das Getriebe war mit 6 Vorwärts- sowie 3 Rückwärtsgängen auf den Einsatz in besonders schwierigen Arbeitsverhältnissen abgestimmt. Auf die Rückwärtsgruppe konnte direkt durchgeschaltet werden. Die hier gemachten konstruktiven Erfahrungen fanden sicherlich auch ihre Berücksichtigung im ersten allradgetriebenen Standardtraktor von Güldner, im Typ G 40 A aus dem Jahr 1963. Der Güldner-Prospekt des A 20 aus dem Jahr 1940 ist ein gesuchter „Werbeklassiker".

Güldner A 20 – „Klassiker" aus Aschaffenburg. Dieser Schleppertyp wurde ab 1942 unter der Bezeichnung „Deuliwag-Güldner A 20" von der Firma Deuliwag in Berlin weitergebaut.

Güldner: Der „kleine Hai" VK 2 hatte keine Zukunft.

Hagedorn

Mit der Übernahme der vormals stillgelegten „Warendorfer Maschinenfabrik und Eisengießerei" durch die Brüder Georg und Anton Hagedorn im Jahr 1902 sollte auch in Westfalen ein Kapitel „Schlepper aus Warendorf" geschrieben werden. Schmied und Schlosser waren hier Generationen übergreifend mit der Herstellung von landwirtschaftlichen Kleinmaschinen wie Grasmäher, Rübenschneider und Ackerwalzen befasst – aus den kleinen Anfängen entwickelte sich ein mittelständischer Landmaschinenbetrieb mit bald über 100 Mitarbeitern.
Die hier produzierten Schleuderradroder, Gabelheuwender und Vielfachgeräte erzielten unter der Markenbezeichnung „Westfalia" und „Hagedorn" überregionale Beachtung. Nach dem Ende des Ersten Weltkrieges experimentierte man bei Hagedorn auch mit einem selbstfahrenden Motormäher, der zunächst von einem Eigenbaumotor angetrieben wurde und in seinen typischen Konstruktionsmerkmalen den Motormähern der 20er-Jahre von Kramer, Hermann Lanz und Fendt entsprach. Das eigene „Vergasertriebwerk", ein 8 PS-Einzylinder-Zweitaktmotor mit 440 ccm Hubraum und „Pressluftkühlung" wies noch erhebliche Mängel auf. Auch mit einer Vergrößerung des Hubraumes und einer erweiterten Verdampferkühlung war diesem Motor keine Praxistauglichkeit abzuringen. Erst mit der Verfügbarkeit zuverlässiger Kleinmotoren (Deutz, Güldner, MWM u.a.) konnte dann 1938 auf der DLG der ersten „Bauern-Universal-Schlepper" mit einem liegenden Deutz-Einzylindermotor (MAH 515-Verdampfer) und einer Leistung von 11 PS vorgestellt werden. Er kostete komplett mit Mähbalken und „Großvolumen-Geländereifen" 3.200,– Reichsmark zuzüglich des gesetzlichen „Gummizuschlages" von 20,– RM.
Die Kraftübertragung erfolgte über ein Dreiganggetriebe per Kette auf die differentiallose Hinterachse. Die Geschwindig-

1936 mit 8 PS Deutz Verdampfer-Motor und Anbaumähwerk ausgeliefert: Hagedorn „Westfalia" aus der Sammlung von Franz Hagedorn. (Foto: Franz Hagedorn)

keit betrug im 3. Gang (je nach Größe des Kettenrades) bis zu 15 km/h.
Auffällig an diesem Kleinschlepper war die einfache Seilrollenlenkung statt eines herkömmlichen Schneckengetriebes. Der Schlepper wurde serienmäßig mit einem Mähbalken ausgerüstet. Auf jegliche Karosserieteile, wie Kotflügel oder Motorverkleidung, wurde bis auf den Kettenschutz verzichtet. Als Sonderzubehör konnte die Maschine mit Zapfwelle, Kreissäge, Anbaupflug sowie hinterer Zwillingsbereifung und Beleuchtung erworben werden.
Von diesem robusten Kleinschlepper wurden bis 1936 über 1000 Stück verkauft. Der überregionale Vertrieb wurde von der Primus-Traktorengesellschaft in Berlin-Lichtenberg vorgenommen. Ein dort gestalteter rarer Katalog aus dem Jahre 1939 bietet auszugsweise den Einblick in Fertigung und Vertrieb des „Hagedorn". Erst vier Jahre nach Kriegsende konnte die Schlepperproduktion wieder aufgenommen werden. „Im Zuge der Zeit" setzte man auf einen Konfektionsschlepper in Blockbauweise mit eingekauften Getriebekomponenten und Motoren. Die beiden Modelle HS 15 (15 PS MWM-Diesel) und HS 25 (25 PS Deutz-Diesel) warteten zwar mit technischen Besonderheiten wie einer neuartigen Vorderachsfederung und Einzelradlenkbremse auf, konnten sich am Markt aber trotz des hervorragend eingeführten Namens nicht mehr behaupten. Die Produktion wurde 1951 eingestellt. Von den wenigen gebauten HS 15 und HS 25 befindet sich heute nur noch ein nachgewiesenes Exemplar in Sammlerhand. In Warendorf beschränkte man sich wieder erfolgreich auf die Fertigung von Erntemaschinen und Ladewagen bis zur Auflösung der Firma.

Heinrich Lanz

Der einzylindrige Klassiker aus Mannheim ist bereits in den Rang eines „Kultschleppers" gehoben worden, seine Legendenbildung weitgehend lückenlos kolportiert. Eine Ausnahme bildet ein bisher verschollener vierseitiger Hochglanzpropekt des ersten „Zwölfers" – des von Fritz Huber konstruierten „ersten Rohölschleppers der Welt" aus dem Jahr 1921 – anlässlich seines Debüts auf der Leipziger Messe. Fast 30 Jahre nach diesem Ereignis beweisen zwei einmalige Aufnahmen die Existenz des „Erlkönigs" von Chefkonstrukteur Anton Lentz – eines zweizylindrigen Zweitakt-Mitteldruckmotors mit 18 PS aus dem Jahre 1949 – als Prototyp in aller Heimlichkeit an der Firmenleitung „vorbei" entwickelt. Der Raritäten nicht genug: Ein Prospekt des 25 PS Eilbulldog D 7539 aus dem Jahr 1941 zeigt einen Schlepper, der wohl nie gebaut wurde.

Die kleine Sensation bei Lanz: Der „Erlkönig" mit einem Zweizylinder-Zweitakt-Mitteldruckmotor bei einer Leistung von 18 PS im Versuch.

Die Verwandtschaft lässt sich nicht leugnen ... (seltene farbige Werbedruckbeilage von 1921 – der Auspuff des Bulldog wird noch nach unten durch den Wasserkasten abgeführt).

Bulldog-Prototyp: Der aus zwei Zylindern gespeiste Auspuffkrümmer ist auf dieser einmaligen Fotodokumentation deutlich zu erkennen.

MAN

Der renommierte Nutzwagenhersteller verfügte bereits mit dem 1921 vorgestellten MAN-Tragpflug über Erfahrungen mechanischer Bodenbearbeitung.
Der erste eigene Schlepper aus dem Jahr 1938 in Rahmenbauweise wurde angetrieben von einem bewährten gedrosselten Lkw-Motor mit vier Zylindern, ausgestattet mit einem neuartigen Brennverfahren nach dem Meurer-Prinzip – später als „M“-Verfahren“ weltweit erfolgreich im Dieselmotorenbau eingesetzt. Der AS 250 leistete 50 PS und war mit einer zuschaltbaren getriebenen Vorderachse als historischem Wegbereiter des Allradantriebes. Eine geplante Großserien-Fertigung scheiterte an der verordneten Umstellung des Werkes auf Rüstungsproduktion.
Der nach dem Krieg in Nürnberg entwickelte AS 325 folgte dem konstruktiven Grundprinzip seines Vorgängers und wurde unter der Bezeichnung AS 325 A mit 30 PS als reiner Allradschlepper angeboten. Beste Kritiken zeichneten ihn 1949 mit der „Silbernen Preismünze“ aus.
Rechtzeitig zur DLG 1950 präsentierte die Werbeabteilung diesen preisgekrönten Schlepper in einem grafisch hervorragend gestalteten mehrseiten Sonderprospekt in außergewöhnlichem DIN A 3-Format dem Messebesucher.

„Viele Grüße von der DLG-Schau Frankfurt!“ – Seltene Werbepostkarte vom M.A.N.-Stand aus dem Jahr 1950.

Der Nordtrak „Stier“ – eine der herausragendsten Schlepperkonstruktionen der Nachkriegszeit.

Norddeutsche Traktorenfabrik Franz Westermann

Die in Hamburg-Bergedorf angesiedelte Firma von Georg R. Wille durfte 1946 in der militärisch besetzten Zone mit ausdrücklicher Genehmigung landwirtschaftliche Geräte herstellen.
Unter Verwendung von Jeep-Bauteilen wurde ab 1947 der Motorpflug „Stier“ mit Allradantrieb und wahlweise einem 12 PS Horex-Viertaktmotor oder einem 12 PS ILO-Zweitaktmotor zusammengeschraubt. Dieses Gefährt erhielt bald einen Dieselmotor sowie einen Profilrahmen eigener Bauart und nannte sich fortan „Gerwi-Diesel-Stier“.
Im Jahr 1950 unterstütze der Kaufmann Franz Westermann das Unternehmen mit einer Liquiditätsspritze und übernahm nach dem Ausscheiden des Firmengründers Wille die in „Norddeutsche Traktorenfabrik Franz Westermann“, Hamburg-Lohbrügge umgetaufte Schlepperschmiede.
Der inzwischen sehr gefragte Allradschlepper wurde nun unter dem Logo „Nordtrak Stier“ vertrieben.
Der Typ St. 360 leistete schon 36 PS und war für schwere Zugarbeiten sowie den Mähdrusch geeignet. Seilwinde, Erdbohrer, Stammzange und Frontlader waren als Sonderzubehör erhältlich.
Mit dem Paradepferd, dem Nordtrak St. 480, wurde seinerzeit der leistungsstärkste Allradschlepper dieser Klasse mit einem MWM-Motor AKD 12 V mit 48 PS geliefert. Die Höchstgeschwindigkeit betrug 27,8 km/h (!).
Zur Standardausrüstung zählten neben dem Allradantrieb Lenkbremsen, Zapfwellen- und Riemenscheibenantrieb sowie als Sonderausrüstung Hydraulik und Druckluftbremsanlage.
Das Getriebe war mit 8 Vor- und 4 Rückwärtsgängen sowie mit einem Kriechgang bestückt. Die Gewichtsverteilung erstreckte sich in der „Ideallinie“ von 55 % zu 45 % auf Vorder- und Hinterachse bei tiefem Schwerpunkt und großer Bodenfreiheit.
Dieser Maschinentyp wurde überwiegend exportiert und war für den Einsatz in der Forstwirtschaft besonders geeignet.
Mit schwindenden Absatzzahlen (1955 nur noch 120 Einheiten) bei hohen Produktionskosten konnte sich dieser „Allradpionier“ leider nicht mehr am Markt halten – mit dem Konkurs 1956 wurde einem eigenwilligen aber bewährten Vierradkonzept die Existenzgrundlage genommen.

Orenstein & Koppel

Nach Kriegsende wurde bei Orenstein & Koppel (Rückbenennung von MBA) ab 1950 die Schlepperfertigung auf Basis der bewährten 15 und 30 PS starken Vorkriegsmaschinen wieder aufgenommen. Bereits drei Jahre später konnte ein Standardprogramm in Leistungsklassen von 18 bis 45 PS aufgelegt werden. Der erfolgreiche Übergang in den Baumaschinensektor gelang mit einem universalen Industrieschlepper sowie dem besonderen Kompressor-Diesel-Schlepper S 32 K , der mit einem 32 PS Zweizylinder-V-Motor ausgerüstet war. Statt eines externen Anbaukompressors wurde ein Zylinder bei laufendem Motor „stillgelegt“ und dem Prinzip der Motorbremse vergleichbar als „Luftpumpe“ umfunktioniert. Die konstante Spannung im Druckkessel betrug 6 bar.

„Straßenversion“ des S 32 A von Orenstein & Koppel mit V-Aggregat und seltener Dachkonstruktion (mit drehbarer Frontscheibe) auf dem Werksgelände in Dortmund.

Reima

Noch unzureichend erforscht ist der fragmentarisch belegte Schlepperbau der Firma Reinhold Matthiass, Maschinenfabrik und Mühlenbau-Anstalt in Erfurt. Hervorgegangen aus einem Mühlenbaubetrieb erwarb R. Matthiass 1908 die Weidenmühle auf einem Grundstück in Erfurt . Nach seinem Tod (1932) übernahmen die Tochter Frieda Matthiass gemeinsam mit dem früheren Prokuristen Heinrich Kleinspehn die Geschicke der Firma. Die Gründung der Abteilung Schlepperbau auf besagtem Gelände ist nach vorläufigen Recherchen auf Heinrich Kleinspehn zurückzuführen.

Ab 1936 bis spätestens bis 1940 wurden bei Reima einige wenige Schlepper in Konfektionsbauweise mit MWM-Motoren und – seltene Ausnahme – mit einem Schneckengetriebe (ähnlich Fordson und Normag) ausgestattet. Bisher sind drei Reima Ackerschlepper nachgewiesen, die Existenz einer Straßenzugmaschine (DS 11/DS 20) wäre eine Sensation. Die Prospektabbildung sowie das Original eines leibhaftigen Reima Schleppers aus dem Jahre 1936 sind zu besonderen Dokumenten historischer Schleppergeschichte in Deutschland zu zählen.

Rarität in Sammlerhand: Reima DSA 14/8 aus Erfurt, ausgeliefert 1938 mit einem MWM-Motor KD 13 Z (12 PS) und einem bemerkenswerten Schneckenradgetriebe. (Foto: Horst Hintersdorf)

Sulzer

Ignaz Sulzer, Maschinenfabrik und Fahrzeugbau in Harthausen bei Augsburg, setzte in der Schlepperproduktion „gnadenlos“ auf Konfektion. (Wer Sulzer fährt, fährt gut!) Er bediente sich der einschlägigen Zuliefererindustrie und schraubte immerhin seinen beachtenswerten Erfolgsschlepper S 22 L in 1900 Exemplaren „von Hand“ zusammen. So hatte er auch keine Berührungsängste, einen allradgetrieben Schlepper aufzulegen und fertigte 1954 unter Verwendung eines MWM-Motors (KDW 415 Z) sowie eines Renk-Getriebes (ZA-SGA 22-5) und einer Serienvorderachse (Zahnradfabrik Augsburg) den Sulzer-Allradschlepper S 28 A. Dieser Typ war konzeptionell der Kategorie Standardschlepper mit Gewichtsschwerpunkt auf der Hinterachse zuzuordnen. Aufgelegt wurden ca. 25 Exemplare – zuletzt mit Motorbestückung von Deutz F2L 514 (30 PS) und sogar F3L 514 (42 PS) mit stärkerem Getriebe (Renk SGA 30-7) unter der Bezeichnung S 30 A und S 42 A. Noch seltener als dieser Schlepper ist der hier abgebildete Prospekt aus dem Jahr 1954.

Prospektrarität: Sulzer Allradschlepper S 28 A.

Zulassungszahlen der Schlepperindustrie in Deutschland 1950

Hersteller	Anzahl	Marktanteil
Allgaier	4.817	12,4
Alpenland	243	0,6
Bautz	159	0,6
Deuliwag	182	0,5
Deutz	6.257	16,2
Eicher	1.174	3,0
Fahr	2.432	6,3
Fendt	3.713	9,6
Güldner	2.116	5,5
Hanomag	1.872	4,8
IHC	93	0,2
Kögel	210	0,5
Kramer	1.890	4,9
Lanz (Aulendorf)	1.174	3,0
Lanz (Mannheim)	4.738	12,2
MAN	1.007	2,6
Normag	2.023	5,2
O&K	307	0,8
Primus	394	1,0
Ritscher	298	0,8
Röhr	479	1,2
Schlüter	1.318	3,4
Standard	84	0,2
Stihl	130	0,3
Wahl	77	0,2
Wille	200	0,5
Zettelmeyer	126	0,3
Sonstige	1.210	3,3
Gesamt	**38.723**	**100,0**

Angaben lt. Kraftfahrtbundesamt

Bereits im Jahre 1955 betrug die Zahl der neu zugelassenen Schlepper 97.867 Einheiten (Höchststand). Im Jahre 1961 betrug die Zahl der neu zugelassenen Schlepper 95.496 Einheiten, Marktsättigung ab 1962.

Urus Allradschlepper „Bambi“ mit 10 PS und neuartigem Rückfahrkonzept (1955).

Urus-Werke G.m.b.H.

Auch in Hessen wurden von der vormals benannten Firma Großhessische Truck-Company allradgetriebene Kleinschlepper aus überwiegend GMC-Achsen und -Getriebe mit einem 15 PS Bauscher-Verdampfermotor hergestellt und 1949 unter der Bezeichnung „Urus“ vertrieben. Nach dem Zusammenschluss mit der in Frankfurt/M. ansässigen Firma Erkelenz & Co. wurden ab 1954 in Wiesbaden fünf unterschiedliche Typenreihen allradgetriebener Fahrzeuge zwischen 15 und 40 PS aufgelegt. Der stärkste Typ B 40 verfügte über einen MWM-Motor (KDW 415 D) mit 40 PS und war in Blockbauweise mit einem ZF-Getriebe (SG 22/5) verbunden. Dieser Maschine sowie auch dem 28 PS starken B 28 wurde mit einer runder Haube ein modernes Design „verpasst“. Ab 1955 konnte mit einem neuartigem Rückfahrkonzept ein allradgetriebener Kleinschlepper von nur 10 PS vorgestellt werden. „Bambi“ sorgte mit einem 1-Zylinder-Zweitakt-Dieselmotor von Fichtel & Sachs auf der DLG in Köln für besondere Aufmerksamkeit.

VEB-Traktorenwerk Schönebeck

Mitarbeiter aus dem ehemaligen Famo-Werk in Breslau gründeten unmittelbar nach Kriegsende den Fahrzeugbau Schönebeck. Zunächst wurden hier der Kunden- und Ersatzteildienst für den Altbestand sowie die Fertigung von einzelnen Schleppern aus Restkomponenten durchgeführt. Mit dem weiteren ortsansässigen Betrieb der Metallindustrie „Weltrad" (Produktion von Fahrrädern und Kinderwagen) erfolgte dann 1948 der Zusammenschluss zum Schlepperwerk Schönebeck. Hier sollte der Nachbau des legendären Ackerschleppers „Famo" unter der Typenbezeichnung LA für die Serienfertigung vorbereitet werden, der dann aber in Nordhausen als „Pionier" 01/40 als erster Radschlepper der DDR vom Band lief. Parallel erfolgte in Schönebeck der Aufbau einer zentralen Forschungs- und Entwicklungsstelle für Traktoren. Der zum Klassiker avancierte Geräteträger RS 09 fand hier seine Wiege. Statt Kinderwagen lief ab 1952 der erste nach seinem Erfinder Egon Scheuch benannte „Maulwurf" RS 08/15 vom Band . Der nachfolgende RS 09 mit modifizierten Baureihen und ständig verbesserten Motoren, ab 1964 mit einem luftgekühlten Vierzylinder-Dieselmotor (18 PS), später unter der Bezeichnung GT 122/124 mit einem Vierzylinder-Dieselmotor des Motorenwerkes Cunewalde (25 PS) ausgerüstet, erreichte im Jahre 1972 einen sensationellen Produktionsrekord von 120.000 Einheiten. Trotz erheblicher Widrigkeiten der Planwirtschaft war der „Molli" der erfolgreichtste Systemschlepper der DDR und erfreute sich auch als „Feierabend-Traktor" großer Beliebtheit. Unter dem Chefkonstrukteur Reinhard Blumenthal gelang 1967 mit der Auflage der ZT-Reihe der Anschluss an den europäischen Standardschlepper. Der exklusiv für ausländische Kunden gestaltete Messeprospekt des RS 09 von 1956 ist heute eine gesuchte Rarität. Auch das Werbematerial über den Famulus 36 – herausgegeben für Exportzwecke – war nicht einmal für den einfachen Traktoristen erschwinglich. Um solche Unterlagen wurde an Messeständen hart gerungen und gekämpft.

Erste Version des Geräteträgers RS 08/15 (DDR-Gebrauchsmuster 4811 vom 15. März 1958 – Inhaber: Karl-Heinz Meyer und Reinhardt Blumenthal).

Geräteträger RS 09 mit hydraulisch gesteuertem Anbaumähwerk E 143 des VEB Fortschritt Neustadt (Sachsen).

Kein Porsche: VEB-Schönebeck Plantagenschlepper RS 28 auf Basis des RS/09 mit Frontmotor (1960), ein Unikat.
(Sammlung Marc Rühl)

Innovative Landtechnik: Gleisbandschlepper ZT 300 (Prototyp) – die Entwicklung der elastischen Gleiskette scheiterte letztlich an Material- und Vulkanisierungsproblemen.

Kraft ohne Ende – der Fortschritt ZT 300 leitete ab 1968 eine neue Schleppergeneration in Schönebeck ein.

Wurr

In dem kleinen Familienbetrieb von August Wurr in Hamburg-Volksdorf produzierte man seit 1896 schmiedeeiserne Gitter, Tore und Gartenzäune. Mit der Herstellung landwirtschaftlicher Kleingeräte (Pflüge, Grubber u.a.) und dem Vertrieb von Junkers Stationärmotoren sollte nun neben dem Pflug auch das passende „Zugtier" aus einer Hand angeboten werden. Die expandierende Pflug- und Maschinenfabrik richtete 1936 eine Abteilung Schlepperbau ein, nachdem bereits 1934 erste Versuche mit der hier abgebildeten Kleinraupe erfolgversprechend angelaufen waren. Zwei Typen in Leistungsklassen von 12,5 und 25 PS bestückte August Wurr mit Junkers Gegenkolben-Triebwerken, sicherlich aufgrund positiver Versuchsergebnisse mit dem Junkers Aggregat in seiner Raupe. 1937 standen die ersten „Wurr" Kleinschlepper zum Verkauf. Das unproblematische Startverhalten und die sagenhafte Gleichlaufkultur des wassergekühlten Motors konnten jedoch den Leistungsabfall bei schwindendem Drehmoment unter hoher Dauerbelastung (z. B. beim Pflügen) nicht wettmachen. Der Traktor war schwer verkäuflich und konnte sich gegen die ausgereiften Bauerschlepper größerer Hersteller nicht durchsetzen. Verkaufsziffern sind nicht belegt, drei Maschinen befinden sich in Sammlerhand, davon eine Version mit dem 25 PS Zweizylinder-Gegenkolben-Motor. Diese beiden seltene Schleppertypen werden möglicherweise auf dem einzigen bisher bekannten Werbeunikat präsentiert.

Unikat der Kleinraupe von A. Wurr mit 1-Zylinder-Junkers-Motor aus dem Jahr 1934 – einziger Fotobeweis dieser Rarität.

Ansicht des Junkers 2-Zylinder-Gegenkolbenmotors im 25 PS-Wurr-Schlepper. (Sammlung Kiekeberg-Museum)

A 40
ALLGAIER

DIESEL
Kraftstoffeinfüll-stutzen
Batterie 12 Volt
Wasser, Inhalt = 25 Liter
Dekompressionshebel
Anlaßschalter
Kühler mit Ventilator und Wasserpumpe
Kraftstoffhebel
Handbremshebel
Gangschalthebel
Kupplungspedal
Schalthebel für Lamellenkupplung
Schalthebel für Zapfwellen
Fußbremse
Motor-gehäuse
Fußhebel für Differentialsperre
Schmier-stoff-Filter
Geräte-Befestigungs-löcher
DER MODERNE S

GAIER A 40

windigkeiten:

. . .	**12,75—28**	**9—42**
Std.	1,9	1,7
	4,8	4,4
	6,8	6,2
	9	8,2
	16,7	15,3
	27,6	25,3
	4,2	3,8

Spurverstellung bis 1890 mm — sehr große Bodenfreiheit

Maße — Gewichte — Leistungen

Mit Bereifung hinten		**12,75—28**	**9—42**
Länge	mm	3060	3120
Breite je nach Spurweite	„	1600—2230	1510—2140
Höhe	„	1730	1820
Spurweite um je 90 mm verstellbar	„	1260—1890	
Radstand	„	1920	1920

Bereifung vorn		**6,00—20**	**6,00—20**
Bodenfreiheit unter d. Getriebe	mm	395	485
Bodenfreiheit unter dem Achstrichter	„	495	585
Gewicht	kg	2000	
Motorleistung	PS	40	40
Motorhöchstdrehzahl		n = 1500 Min.	

EPPER FÜR GROSSE LEISTUNGEN!

Technisches über den ALLGAIER Ackerschlepper A 40

6 Vorwärtsgänge einschließlich Kriech- und Schnellgang
4 Zapfwellen, direkt vom Motor aus angetrieben
davon 1 Zapfwelle an der Rückseite mit Motordrehzahl
1 Zapfwelle an der Rückseite mit Drehzahl = 540/Min.
bei Drehzahl mot. = 1350/Min.
1 Zapfwelle seitlich mit Drehzahl = 540/Min. zum Antrieb von Mähwerk, Motoregge usw.
1 Zapfwelle vorn mit Drehzahl = 420 Min.

Motor:

Stehender 2-Zylinder-4-Takt-Diesel, wassergekühlt. Steifes Motorgehäuse mit Ølwanne aus einem Stück bis an Zylinderkopf hochgezogen. Nasse, auswechselbare Zylinderbüchse. Sämtliche beweglichen Teile staubdicht gekapselt und leicht zugänglich. Kurbelwelle dreifach gelagert. Druckumlaufschmierung. Bosch-Diesel-Einspritzausrüstung.

Tank für Dieselkraftstoff	Inhalt	52 Liter
Tank für Kühlwasser	"	25 "
Motorenöl	"	7 "
Getriebeöl	"	25 "

Kühlsystem: Wasserumlaufkühlung mit Pumpe.

Kupplung:

1 Scheiben-Trockenkupplung.

Getriebe:

Robustes Schaltgetriebe. Sämtliche Räder aus gehärtetem Spezialstahl. 6 Vorwärtsgänge und 1 Rückwärtsgang mit 1 Schalthebel geschaltet. Differentialsperre. Differential- und Winkelgetriebe nur gering beansprucht, da vor dem Hauptantrieb der Hinterachse liegend. 4 Zapfwellen, direkt vom Motor angetrieben, davon eine mit Motordrehzahl.

Vorderachse:

Stabile Rohrpendelachse mit verstellbarer Spurweite.
Auf Wunsch gefedert.

Spurverstellung durch Verschieben der Achsträger möglich.

Hinterachse:

Portalbauweise, damit kann Bodenfreiheit verändert werden. Acht Spurweiten durch Umkehren der Räder und Radscheiben von 1260 bis 1890 mm einstellbar.

Bremsen:

Auf Hinterräder wirkende Fuß-Innenbackenbremse. Einzelradbremsung und unabhängig wirkende Getriebe-Handbremse.

Lenkung:

ZF-Roßlenkung, Lenkschubstange so hoch gelegt, daß sie beim seitlichen Anbau von Geräten nicht hindert. Gute Bodensicht durch schmale Bauart.

Elektrische Ausrüstung:

Bosch-12-Volt-Anlage mit Lichtmaschine, Anlasser, Vorglühanlage, Scheinwerfer, Horn, Batterie, Schluß- und Stoplicht und Steckdose.

Kraftheber:

Hydraulischer Heber mit 2-Zylinder-Kolbenpumpe, doppeltwirkend, 2 Hubarme, außerdem 2 Anschlußmöglichkeiten für Einzelzylinder, welche an beliebiger Stelle des Schleppers oder der Anbaugeräte angebracht werden können.

Die Anschlüsse sind mit selbstschließenden Ventilen ausgerüstet, so daß die Leitungen ohne Ølverlust unter Druck gelöst werden können.

Normale Ausführung:

Mit Riemenscheibe, 4 Zapfwellen, Kraftheber, Mähantrieb und Geräteschiene.

Anbaugeräte (möglich bzw. vorgesehen):

Mähbalken, Seilwinde mit Seilführung vorn am Schlepper, Anbaupflug, Vielfachgerät, Schwadenrechen, Zetter, Kreissäge, Beregnungspumpe, Geräte für Schädlingsbekämpfung, Motoregge.

Bereifung:

vorn	6,00—20
hinten	12,75—28 oder 9—42

Riemenscheibe:

Durchmesser	260
Breite	170
Drehzahl	n = 570 und 1420 pro Minute

Drehrichtung rechts und links (keine Riemenverschränkung).

Angaben gewissenhaft. Änderungen vorbehalten.

ALLGAIER

(14a) UHINGEN/Württ.

Fernruf: Göppingen 3454—55 • Fernschreiber: 069761
Telegramm-Adresse: ALLGAIER, Uhingen

Technische Beschreibung des Porsche 312

Motor:
2-Zylinder-Viertakt-Otto-Motor, stehend angeordnet, luftgekühlt durch Gebläse, Leistung 30 PS, Nenndrehzahl 200 U/min, Zylinderbohrung 100 mm, Kolbenhub 116 mm, Hubraum 1820 ccm, Verdichtung 1:6,3. Solexvergaser mit Beschleunigerpumpe, Regelung durch handverstellbaren Fliehkraft-Drehzahlregler. Zyklon-Naßluftfilter. Elektr. Zünd- und Anlasseranlage System BOSCH, 12 Volt. Druckölschmierung mit Zahnradpumpe und Öldruckkontrollampe, Ölreinigung durch Sieb- und Ölschleuder. Kraftstofftank 26 Ltr.

Kupplung:
Ölhydraulische Voith-Strömungskupplung als Überlastungsschutz und Einscheibentrockenkupplung.

Getriebe:
Zahnrad-Wechselgetriebe mit 5 Vorwärtsgängen und 1 Rückwärtsgang; Ausgleichsgetriebe als spiral verzahnte Kegelradübersetzung mit Differentialsperre; Hinterachs-Untersetzungsgetriebe als geradverzahnte Stirnradübersetzung.

Achsen:
Hinterachse in Portalbauweise mit verschwenkten Achsträgern;
Vorderachse als stabile Pendelachse.

Bremsen:
Handbremse unabhängig auf das Getriebe wirkend; Fußbremse als mechanische Innenbackenbremse; Lenkbremsung durch geteiltes, kuppelbares Bremspedal.

Lenkung:
ZF-Einfingerlenkung.

Elektr. Anlage:
Batterie 12 Volt, 75 Ah, Lichtmaschine mit Kontrolleuchte, 1 Scheinwerfer mit Fern-, Abblend- und Standlicht sowie 2 Schlußleuchten, Stopplicht, Steckdose für Anhängerbeleuchtung, Signalhorn.

Antriebseinrichtungen:
Normzapfwelle hinten mit Drehzahl 550 U/min bei Motordrehzahl 1800 U/min, abschaltbar zum Antrieb von Fräsen, Erdbohrern usw.
Gangabhängige Zapfwelle hinten, in allen Gängen benutzbar, zum Antrieb von ALLGAIER-Triebachsanhänger, Düngerstreuer usw.

Bereifung:
vorn: 4,50-10 AM hinten: 8-24.

Zur serienmäßigen Normalausrüstung gehören weiterhin:
Spezialplantagenverkleidung, hydraul. Kraftheber Allgaier, einfach wirkend, 400 mkg Arbeitsvermögen; Dreipunktgestänge in Verbindung mit dem Kraftheber für die Fräse sowie andere Anbaugeräte. Belastungsgewichte unter der Haube. Hintere Anhängerkupplung, drehbar. 1 Satz Werkzeug, Zapfwellenschutz. Gut gefederter Fahrersitz.

Sonderausrüstung:
Riemenscheibe auf Normzapfwelle aufsteckbar, durch Verdrehung um 180 Grad für Rechts- und Linksantrieb verwendbar, 1540 U/min bei 2000 U/min Motordrehzahl, 220 mm Durchmesser, 120 mm Breite.
Betriebsstundenzähler, Reifenluftpumpe zum Aufstecken auf die Zapfwelle, Zweigabweiser für den Fahrer.

Maße und Gewichte:

Länge	2960 mm
Breite	1160 mm
Höhe	1675 mm
Bodenfreiheit	280 mm
Radstand	1656 mm
Spurweite	835 mm
Eigengewicht	1275 kg

Geschwindigkeiten:

1. Gang	3,0	km/h
2. ,,	4,7	,,
3. ,,	6,8	,,
4. ,,	11,6	,,
5. ,,	23,0	,,
Rückwärtsgang	3,0	,,

ALLGAIER MASCHINENBAU G.m.b.H., FRIEDRICHSHAFEN-BODENSEE
BÜRO UHINGEN-WÜRTT.

Telefon: Göppingen 3454/55 · Fernschreiber: Göppingen 0747/21 · Telegramm-Anschrift: ALLGAIER Uhingen

Nr. 174 5. 55 2000 Printed in Germany

PLANTAGENSCHLEPPER

ALLGAIER

Porsche 312

Ein Spezialfahrzeug für Tropenbetriebe, gebaut nach neuesten technischen Erkenntnissen. Es erfüllt alle Forderungen der Plantagenbewirtschaftung. Eine ideale Zugkraft für Kaffee- und Zuckerrohrpflanzungen. Einfach, robust, unempfindlich, tropensicher.

Besondere Vorteile:

1. Luftgekühlter 30 PS, Zweizylinder-Benzinmotor, jahrelang in tropischen Ländern erprobt.
2. Schmalspurausführung für alle Arbeiten zwischen den Reihen, größte Schlepperbreite 116 cm.
3. Stromlinienförmig ausgebildete Vollverkleidung zur Abwendung von Bruchschäden an Pflanzentrieben und Früchten.
4. Trotz Vollverkleidung sehr gute Wendefähigkeit.
5. Ölhydraulische und mechanische Schaltkupplung, daher größtmögliche Schonung der gesamten Maschine auch bei Überbelastung oder bei unsachgemäßer Behandlung.
6. Ölreinigungszentrifuge zur dauernden Reinigung des Schmieröls. Im Ölumlauf eingebaut.
7. Sehr geringes Gewicht (1275 kg), daher weitgehendste Schonung der Bodenmikroben und Vermeidung von Ertragsminderung durch Bodendruckschäden.
8. Durch Anbringung von Zusatzgewichten auch für schwere Zugarbeiten geeignet.
9. Mit gangabhängiger und fahrunabhängiger Zapfwelle, daher Antriebsmöglichkeit z. B. für Triebachsanhänger und Bodenfräsen.
10. Ausrüstung mit hydraulischem Kraftheber.
11. Dreipunktaufhängung der Geräte mit genauer Führung durch Spezialrahmen.
12. Auch zwischen Schlepper und Gerät glatte, elastische Verkleidung
13. Anbau-Bodenfräse mit 100 cm Arbeitsbreite und 15 cm Arbeitstiefe, daher stets Lockerung der Schlepperspur.
14. Elegantes, farbenfreudiges Aussehen.

BATTENBERG

Raupen- und Radschlepper

Kombination Raupenschlepper-Radschlepper

Warum Raupe?

Bodenschonende Ackerarbeit!
Völliger Ersatz für Gespanne!

Ackerbestellung im Frühjahr sofort nach Schneeschmelze möglich

Grund: Der Bodendruck der Battenberg-Raupe ist nur ein Bruchteil derjenigen eines Radschleppers; außerdem entsteht beim Arbeiten kein Schlupf, bei dem bekanntlich ein Teil der Zugkraft in schädliche Bodenverdichtung umgesetzt wird.

Deshalb ist auch die unbedenkliche Verwendung der Battenberg-Raupe zum Drillen, Eggen und allen Pflegearbeiten (Hacken und Häufeln von Rüben und Kartoffeln) möglich.

Die große Bodenfreiheit erlaubt endlich auch das Pflügen in der Furche mit der Raupe.

Die Battenberg-Raupe kann mit wenigen Handgriffen in einen gewöhnlichen Radschlepper verwandelt werden, der alle Arbeiten eines solchen verrichtet.

Trotz der hohen Bodenfreiheit niedrige Schwerpunktslage; daher gute Standfestigkeit an Abhängen und gute Sicht.

Der Schlepper ist als Raupe und als Radschlepper kinderleicht zu fahren. Er wendet als Raupe auf der Stelle.

Ganz besonderer Wert wurde bei der Konstruktion der Gleiskette auf lange Lebensdauer gelegt, trotzdem bedingt sie keinerlei Wartung und Schmierung.

Sollten bei jahrelanger härtester Beanspruchung Schäden auftreten, so können billige Verschleißteile einfach ausgewechselt werden.

Technische Daten:	Gr. 1	Gr. 2
Motor: Diesel	14 PS	18 PS
Drehzahl	1500	1500
Takt	2	4
Zylinder	1	2

	Gr. 1	Gr. 2
Kühlung:	Wärmeumlauf	Umlaufpumpe
Kupplung	Einscheiben-Trocken	Fichtel & Sachs
Getriebe	ZF	4 Gang
	Höchstgeschwindigkeit	16 km
	Geringstgeschwindigkeit	bei 1500 2,8 km
	Geringstgeschwindigkeit	bei 1000 1,9 km

Elektrische Ausrüstung: Bosch 6 Volt

Luftreifen: Vorn u. hinten gleich 6,00 x 16

Gewichte: ohne Raupe ca. 1000 kg — mit Raupe ca 1400 kg

Bodendruck: Auf 1 qcm 240 gr

Maße:

Radstand	1450
Spurweite	1250
Bodenfreiheit	350

Lenkung für die Raupe: Lenkbremse, einfach nachstellbar.

Lenkung für den Radschlepper: „Fulmina"-Schlepperlenkung.
Anhängeschiene über die ganze Breite.
Der Schlepper ist für Anhänge- und Anbaugeräte eingerichtet.

Schlepperpreis: (14 PS Motor) **DM 6250.—** (18 PS Motor) **DM 6800.—**

H. Battenberg/Bäumenheim/Bayern

HOFMANN-DRUCK AUGSBURG

Bautz
Er ist da!...
...der Bautz
DIESEL-SCHLEPPER
14 PS

Bautz
Diesel-Schlepper 14 PS
(Motorstärke amtlich geprüft)
betriebssicher durch einfachen, robusten Einzylinder-Zweitakt-Motor und überdimensioniertes kräftiges Getriebe
vielseitig verwendbar als bewegliche Kraftmaschine mit Zughaken - Zapfwelle - Riemenscheibe
größte Zugleistung durch günstige Gewichtsverteilung und Differentialsperre für schwieriges Gelände und schlechte Bodenverhältnisse
kein Festfahren der Erde da geringes Eigengewicht des Schleppers
hohe Bodenfreiheit (300 mm). Für besondere Ansprüche durch Verwendung der Bereifung 6.50 - 32 Bodenfreiheit 400 mm
Spurverstellbarkeit durch Umwechseln der Räder
Geringer Kraftstoffverbrauch - Kleiner Wenderadius - Leichte, sichere Inbetriebsetzung
Einfache Bedienung - Hunderttausendfach bewährtes Bautz Schneidewerk
Ab sofort gehören breite Sitzkotflügel zur Normalausrüstung
Ab sofort gehören breite Sitzkotflügel zur Normalausrüstung
„der Allesschaffer für den Mittel- und Kleinbetrieb, als Zusatzschlepper für den Großbetrieb"

BTG-ALLRAD

Dieselschlepper

DEUTZ

15500.–

ein neues Allradsystem und ein wirklicher Universal-Schlepper

für alle Arbeiten; besonders für schwerste Arbeit am Hang und im schwierigsten Gelände starker Dieselmotor mit Luftkühlung –

BTG

4-Rad-Antrieb mit 4 gleich großen Rädern

und 4-Rad-Bremsen; geländegängig mit tiefem Schwerpunkt und trotzdem hoher Bodenfreiheit, darum unübertroffene Hangsicherheit.

Bayerische Traktoren- und Fahrzeugbau-Gesellschaft m. b. H. München 8

DER BTG-ALLRAD-SCHLEPPER

durch

Allrad-Antrieb

mit

4 gleich großen Rädern

und günstiger

Gewichtsverteilung

überlegen

in jedem Gelände, auch auf

druckempfindlichen

Böden

BTG-Allrad überzeugend am Steilhang

kein Aufbäumen

keine Ballastgewichte

große

Hangsicherheit

durch

tiefliegenden

Schwerpunkt

bei großer

Bodenfreiheit

TECHNISCHE HAUPTDATEN:

Deutz-Motor F 3 L 712, luftgekühlt, 35 PS, Hubraum 2 550 ccm, mit elektr. Anlasser und Beleuchtung, Allradantrieb über **4 gleich große Räder,** geländegängig, **Getriebe** mit 6 Vorwärts- und 6 Rückwärtsgängen, (Wendegetriebe), Portalachsen, Differentialsperren in beiden Achsen, 4-Radbremse als Fuß- und Handbremse, Zapfwelle, ZF-Lenkung, 2-Stufen-Anhänger-Kupplung und Abschleppkupplung vorn, **Doppelpolstersitz** in Fahrzeugmitte. — Bereifung: 4 gleiche Räder 9-24 AS.

Geschwindigkeiten:

Vorwärts	1. Gang zugl. Kriechgang	km/Std.	0,6 — 1,84
	2. Gang	„	2,92
	3. Gang	„	5,28
	4. Gang	„	7,65
	5. Gang	„	11,60
	6. Gang	„	20,00
rückwärts	1. Gang	km/Std.	1,66
	2. Gang	„	2,56
	3. Gang	„	4,67
	4. Gang	„	6,/5
	5. Gang	„	10,25
	6. Gang	„	17,10

Abmessungen:

Länge	3 660 mm
Breite	1 530 mm
Höhe	1 550 mm
Höhe mit Dach	2 100 mm
Radstand	1 900 mm
Spurweite	1 250 / 1 500 mm
Bodenfreiheit	525 mm
Seekiste 1700 × 1750 × 3600 =	10,5 cbm
Eigengewicht betriebsfertig	1 840 kg
Achsdruck vorn	1 100 kg
hinten	740 kg
zulässiges Gesamtgewicht	2 200 kg
Gewicht komplett mit Seekiste	2 450 kg

Motoren-Einbau im BTG-Allrad Nr. 11

BTG-Allrad mit 3-Punkt-Kraftheber Nr. 12

UNIMOG
UNIMOG
UNIVERSAL-MOTORGERÄT
Ein modernes Fahrzeug für die Land- u. Forstwirtschaft
Mehr als vollwertiger Ersatz für Pferde, mehr als ein Schlepper — das ist der UNIMOG! Ganz für universellen Dienst entwickelt, ist der UNIMOG:
Eine landwirtschaftliche Zugmaschine, die durch ihren 4-Rad-Antrieb und einen sparsamen 25 PS-4 Zylinder-Dieselmotor jedes Gelände meistert und zwischen 3,35 km Std. (Acker) und 50 km/Std. (Straße) außergewöhnl. Zugleistung aufweist.
Ein Ackerschlepper, der mit allen üblichen und vorhandenen Feldgeräten und bei jedem Boden benützt werden kann. Zusätzliche Druckluft-Kraftheber lassen die Geräte vom Fahrersitz aus und ohne fremde Hilfe zuverlässig und leicht bedienen.
Ein Motormäher, der mit Vorderbalken arbeitet und das Vormähen erspart.
Ein Transportfahrzeug mit bester Straßenlage und Lenkung, das auf seiner gut gefederten Pritsche 20 Zentner tragen oder 10 Personen befördern kann.
Ein Waldschlepper, der dank seiner großen Beweglichkeit und Bodenfreiheit alle Waldarbeiten mit vielen Vorteilen löst.
Eine Kraftantriebsquelle, die mit vorderer und hinterer Zapfwelle und seitlichem Riemenscheiben-Abtrieb zu vielfältigem Einsatz brauchbar ist.
Ein Universalfahrzeug, das durch seine viel größere Verwendbarkeit die Arbeit des Bauern schneller, sparsamer, besser macht!

UNIMOG

UNIVERSAL-MOTORGERÄT

Motor: Dieselmotor 4 Zyl., 25 PS; Kraftstoffverbrauch auf dem Acker ca. 4 Ltr./Std., auf der Straße ca. 9 Ltr./100 km; mit Wasserkühlung, elektrischem Zahnkranz-Anlasser, Bosch-Diesel-Einspritzausrüstung.

Antrieb: Vierrad-Antrieb mit im Fahren zu- und abschaltbarem Vorderradantrieb und Differentialsperre vorne und hinten. Getriebe mit 6 Vorwärts- und 2 Rückwärtsgängen. Schraubengefederte Achsen.

Bereifung: Vorn und hinten 6,50x20 Transport oder Gelände (nach Wunsch); 1 Ersatzrad. Vierrad-Öldruckbremse und mechanische Handbremse. Allseitig geschlossener und geräumiger Fahrer- und Beifahrersitz mit Windschutzscheibe und Verdeck.

Elektr. Anlage: Fabrikat Bosch, 12 Volt, 90 Ah-Batterie, 2 Scheinwerfer, Horn, Scheibenwischer, Winker.

Gewicht: ca 1600 kg, leer. Gleicher Achsdruck vorn und hinten bei Zug oder Belastung (halbe Bodenpressung bei höchster Zugleistung).

Sonderantriebe: Zapfwellen vorn und hinten 540 Uml./Min., Riemenantrieb seitlich, 1000 Uml./Min., Riemenscheibe 315 mm ∅.

Auf Wunsch: Vorder-Mähbalken mit 1,50 m Schnittbreite. Kraftheber vorn und hinten durch Druckluft betätigt, kombiniert mit Anhängerbremsung. Seilwinde mit ca. 3000 kg Zugleistung.

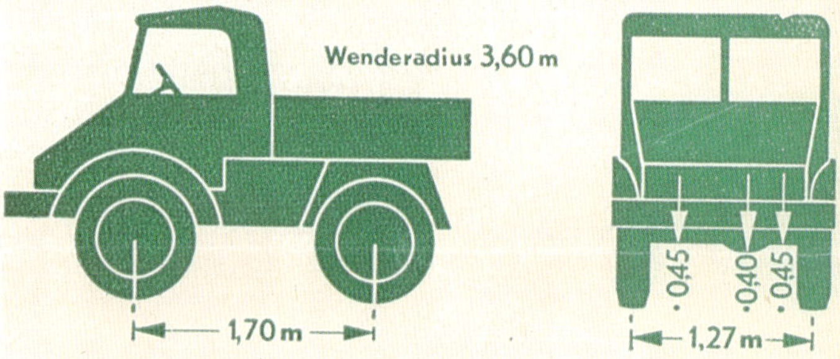

Sie müssen den UNIMOG sehen und fahren!

Er kostet weniger, als Sie mit ihm sparen und verdienen können, denn Sie brauchen mit ihm weniger Arbeitskräfte und können mehr Pferde entbehren. Sein Arbeitsgebiet ist größer und Sie arbeiten schneller. Für seine Zuverlässigkeit und Lebensdauer bürgt sein Herstellerwerk:

GEBR. BOEHRINGER G.M.B.H.

Abteilung: UNIMOG-Fahrzeugbau

(14a) Göppingen Württ.

Der

„Kleinland" Allradantrieb-Schlepper

bewältigt zufolge seiner großen Kraftreserve und Geländegängigkeit mühelos und motorschonend schwerste Lasten.

Er ermüdet den Fahrer wegen seiner vorzüglichen Fahreigenschaften auch im schwierigsten Gelände nicht. Auch steilste Hänge bewältigt er spielend und läßt beim Fahrer niemals das Gefühl der Unsicherheit aufkommen.

J. E. Burischek
MASCHINEN- UND SCHLEPPERBAU
Breitenbrunn/Kammel
Telefon Loppenhausen 10

Vertreten durch:

Der neue

„Kleinland"

18 PS

luftgekühlt

der bewährte und beliebte Schlepper mit

Allradantrieb

Alle KLEINLAND-Schlepper

haben Allradantrieb und sind wegen ihrer günstigen Schwerpunktlage und Gewichtsverteilung bestens für bergiges Gelände geeignet! Die moderne, langgezogene Konstruktion bürgt für große Zugleistung bei höchster Sicherheit am Hang. Auch auf schmierigen Böden und im Sumpfgelände garantiert der Allradantrieb durch sein niedriges Eigengewicht hervorragende Leistungen!

Der neue

„Kleinland"

Allradantrieb-Schlepper

TECHNISCHE DATEN

Getriebe:	6 Vorwärtsgänge von 0,9 – 20 km 2 Rückwärtsgänge, geräuschloses Schalten durch Synchronisierung
Achsen:	Vorderachse, gefederte Pendelachse Hinterachse, starr mit Steckachsen
Bremsen:	Öldruckbremsen auf allen vier Rädern und Handbremse auf Kardan wirkend
Bereifung:	Vorn und hinten 600 – 16, AS-Profil „Farmer"

Motor:

MWM luftgekühlt

Zweizylinder-Viertakt-
Dieselmotor
Typ AKD-311 Z
18 PS bei 2000 Umdrehungen

Bohrung:	90 mm
Hub:	110 mm
Hubraum:	1400 ccm
Kraftstoffverbrauch:	220 g PS/Std.

MWM-Motoren haben Weltruf!

Elektr. Ausrüstung:	Elektrischer Anlasser, Lichtmaschine 75 Watt, 12 Volt-Batterie, groß bemessen, 2 Scheinwerfer, 2 Schlußleuchten, elektrische Signalvorrichtung
Radstand:	1850 mm
Spur:	1250 mm
Länge:	2600 mm
Breite:	1500 mm
Fahrersitz:	Gut gefedert, leicht nachstellbar
Kotflügel:	Mit Beifahrersitzgeländer, beiderseitig
Zapfwelle:	Getriebe abhängig
Gewicht:	ca. 1050 kg, mit Mähwerk ca. 1180 kg
Sonderzubör: (auf Wunsch)	Mähwerk, Riemenscheibe, breite Ackerschiene, elektrischer Betriebsstundenzähler, gefedertes Wetterdach mit Panorama-Windschutzscheibe, Reifenfüllpumpe, Seilwinde

ABBILDUNGEN, MASSE UND GEWICHTE SIND UNVERBINDLICH

Er ist da ....
Claas
CLAAS
Claas
DER SELBSTFAHRER CLAAS-«HUCKEPACK»
CLAAS
Claas

CLAAS-„HUCKEPACK"

— ein neuer CLAAS-Patent-Selbstfahrer für den bäuerlichen Betrieb. Der „Huckepack" ist ein Mähdrescher langjährig bewährter CLAAS-Bauart mit Lagerfrucht-Mäheinrichtung am hydraulisch verstellbaren Frontschneidwerk, mit breiten, leistungsfähigen Dreschorganen, langem, dreiteiligem Hordenschüttler, großflächiger Reinigung, Sortierung in drei Sorten und angebauter CLAAS-Schwingkolben-Strohpresse.

Unabhängig vom Fahrwerk, das ein luftgekühlter Dieselmotor antreibt, wird das Dreschwerk durch einen VW-Industrie-Motor betrieben.

Was unterscheidet den CLAAS-„Huckepack" von allen Selbstfahrern?

Mähdreschergehäuse und Fahrgestell lassen sich auf besondere Art in etwa einer Stunde leicht voneinander trennen! Das Fahrgestell arbeitet außerhalb der Erntezeit als . . .

TECHNISCHE DATEN:

Dreschwerk:

Motor	VW-Industrie-Motor
Schneidwerk	7 Fuß = 2,10 m Schnittbreite; Schneidwerk und gesteuerter Federzinken-Pick-Up-Haspel hydraulisch verstellbar; 14 Ährenheber serienmäßig mitgeliefert.
Dreschtrommel	450 mm ⌀, 800 mm breit, 6 Schlagleisten; Drehzahl verstellbar von 890—1380 U/min
Schüttler	3teiliger Hordenschüttler
Reinigung	1. kombinierte Druckwind- und Siebreinigung mit Lamellensieb und auswechselbarem Untersieb; 2. Sortierzylinder mit Wechselsieben, Sortierung in drei Sorten
Strohpresse	eingebaute Schwingkolben-Strohpresse, zweimal bindend; mit Patent-Ballenbremse als Überlastungsschutz; Bundgröße beliebig einstellbar
Maße	in Arbeitsstellung: Länge 8,70 m, Breite 2,60 m, Höhe 2,70 m; in Transportstellung: Länge 6,50 m, Breite 2,20 m, Höhe 2,70 m
Leistung	im Mähdrusch je nach Fruchtart und Bestand bis 20 dz = 2000 kg

Fahrwerk:

Motor	luftgekühlter 4-Takt-Dieselmotor
Getriebe	5 Vorwärtsgänge, 1 Rückwärtsgang — durch Wendegetriebe umschaltbar auf beide Fahrtrichtungen — Vorfahrt als Mähdrescher 1,4—15,2 km/st, Rückwärtsgang 3,1 km/st — Vorfahrt als Geräteträger 1,7—18,1 km/st, Rückwärtsgang 3,7 km/st (Geschwindigkeiten gelten für Motor-Enddrehzahl) — Normzapfwelle und wegabhängige Zapfwelle — Differentialsperre — Einzelradbremse und Feststellbremse
Bereifung	Lenkachse 5,50—16 TF; Triebachse 9,00—24 AS
Spurweite	Lenk- und Triebachse verstellbar von 1250—1875 mm
Montagezeit	Umstellung von Mähdrescher auf Geräteträger etwa 1 Stunde

Patente im In- und Ausland angemeldet

Technische Angaben, Maße und Gewichte sind unverbindlich
Konstruktionsänderungen vorbehalten

. . . SCHLEPPER UND GERÄTETRÄGER

Durch diese zusätzliche Ausnutzung des Fahrgestells bietet der CLAAS-„Huckepack" eine bei selbstfahrenden Mähdreschern bisher unbekannte wirtschaftliche Ausnutzung des investierten Maschinenkapitals.

Das zweiholmige Fahrgestell weist alle Merkmale eines modernen Schleppers bzw. Geräteträgers auf. Zwischen den Achsen lassen sich die gebräuchlichen Geräteträger-Arbeitswerkzeuge montieren und hydraulisch betätigen. Zudem ist hinter der Triebachse eine Dreipunkt-Hydraulik vorhanden; sie gestattet die Benutzung aller genormten Dreipunktgeräte für Schlepper gleicher Größenklasse. Dem gut abgestuften 5-Gang-Getriebe ist ein Wendegetriebe vorgeschaltet, das die Ausnutzung sämtlicher Gänge in beiden Fahrtrichtungen erlaubt.

GEBR. CLAAS · MASCHINENFABRIK GMBH · HARSEWINKEL i. W. · TEL. 341 (Sa.-Nr.)

AHL. B. DH.

Unser Standardprogramm bietet: (Bitte Sonderprospekt anfordern)

D 35, den starken 3-Zylinder **36/38 PS,** der sich im Inland und Ausland hervorragend bewährt hat, mit 5 Vorwärtsgängen (auf Wunsch Kriechgang)

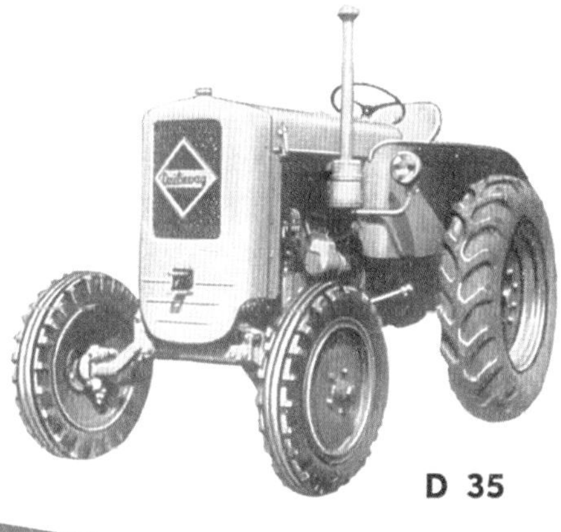

D 35

D 15
D 24

D 15 1-Zylinder **15 PS**
D 24 2-Zylinder **25/27 PS**
sprichwörtlich für Zuverlässigkeit und sparsamen Betrieb.
Beide Typen auf Wunsch mit Allzweck-Bereifung. Bodenfreiheit 380 mm.
Die Motoren aller DEULIEWAG-Traktoren entstammen einer Baureihe.
Daher einfache Lagerhaltung.

Der tausendfach bewährte Dieselmotor und das robuste Deuliewag-Getriebe garantieren stete Einsatzbereitschaft. **Viertakt-Diesel-Motor 25/27 PS,** wassergekühlt, mit verchromten Laufbuchsen und Bosch-Einspritzdüsen. **Deuliewag-Schlepper-Triebwerk** aus bestem Material, Räder im Einsatz gehärtet, mit 6 Vorwärtsgängen, Zapfwelle, Riemenscheibe, Differentialsperre, Einzelradabbremsung.

WARU

Der **Deuliewag „Record“** ist c
einer Entwicklung, die sich die Ve
Technik und Bodenbearbeitung zu
Land- und Forstwirtschaft, dessen c
Schleppern mit Hinterradantrieb b

Was haben Praxis und Wissens
heutigen Traktoren auszusetze

Um einen größeren Prozentsatz der Moto
kraft verwandeln zu können (im Durchsch
50 %) und das Durchrutschen der Tri
meiden, muß man:

Ketten auflegen (schwierig)

Klappgreifer benutzen (hohe, stoßweise

Dem Schlepper ein hohes Eigeng
(schädliche Bodenpressung, Störung der n
gare, tote Last und damit höhere Betr

Überdimensionierte große und bre
wenden (Kippgefahr, breite Reifen für
Kulturen nur beschränkt verwendungsfäh

Alle diese Hilfsmaßnahmen bewi
teil von dem, was Bauer und

Der **Deulìewag** „
An- und Abkuppeln der A

ZUM DEULIEWAG „RECORD“ WERDEN GELIEFERT: ANBAUPFLUG · KULTIVATOR · EGGE · M

.LRADANTRIEB?

einer mehr als 20jährigen Erfahrung und der Abschluß aller praktischen und wissenschaftlichen Erkenntnisse in der etzt hat. Das Ergebnis ist ein moderner Schlepper für die liche Zugkraft und Überlegenheit gegenüber 30 bis 40 PS-jen Bodenverhältnissen und am Hang sich täglich erweist.

len

Zug-
nur
ver-

ung)
ben
den-

ver-
den

gen-
gen.

Von einer fortschrittlichen Traktorenfabrik verlangt man, daß sie aus diesen Erkenntnissen ihre Schlüsse zieht.

Mit allen 4 Beinen stemmt ein Pferd sich in den Boden, wenn es schwer ziehen muß. Warum erwartet man von einem Schlepper, daß er seine volle Kraft nur mit den Hinterrädern abgeben soll? Er kann es nicht. So haben DEULIEWAG-Ingenieure in rastloser Arbeit und im Erfahrungsaustausch mit landwirtschaftlichen Experten den allradangetriebenen, starken und fortschrittlichen

Deuliewag

„RECORD" D 25 V

geschaffen, einen Traktor

mit einer Leistung am Zughaken, welche die eines stärkeren Standard-Schleppers weit übertrifft,

mit einer hohen und gleichmäßigen Kraftübertragung auf 4 gleiche Räder, die nicht durchrutschen,

mit einer guten Seitenabstützung und gleichmäßigen Gewichtsverteilung auf alle Räder für die Arbeiten am Hang,

mit bisher unerreichter Steuersicherheit durch günstigen Triebraddurchmesser und 4 angetriebene Räder, die auch das Fahren neben den Furchen ermöglichen,

mit nur einem und preiswertem Ersatzrad für alle Räder,

mit schmalen Reifenprofilen, die für jede Reihenarbeit verwendet werden können (Allzweck),

mit hervorragender Sicht nach allen Seiten,

mit 6 Vorwärtsgängen im Bereich von 3,3 — 21,3 km/h

und schließlich

mit geringem Eigengewicht, das die schädliche Bodenpressung vermeidet (spezifischer Bodendruck ca. 0,8 kg pro qcm).

besitzt einen hydraulischen Kraftheber, der leicht zu bedienen ist und zentimetergenau die Anbaugeräte einsetzt. vom Fahrersitz aus mühelos durch Schnellverschluß. Die vordere Anhängekupplung gehört zur serienmäßigen Ausrüstung.

EN · HACKE · GRUBBER · HEUWENDER · DÜNGERSTREUER · PFLANZLOCHER · SEILWINDE

Deuliewag „RECORD" D 25 V · 4 gleichhohe angetriebene Räder · Bodenfreiheit durchgehend 400 mm · Große Steuersicherheit, niedriger Bodendruck (ca. 0,8 kg/cm2) · Unerreichte Zugleistung auf schwierigem Boden und auf Steigungen · **Der fortschrittliche Allrad-Schlepper**

TECHNISCHE DATEN

Motor: Zweizylinder-4-Takt-Dieselmotor stehender Bauart mit dem bewährten Wirbelkammer-Verfahren, Ölbad-Luftfilter, angetriebenes Ölspaltfilter, Deckel-Einspritzpumpe, Bosch-Düsen, auswechselbare, verchromte Zylinderlaufbuchsen, Dekompressionseinrichtung, Gehärtete Kurbelwelle, Druckölschmierung (auch der Ventilhebel).

Leistung: des Motors 25 PS bei 1600 U/min., an der Riemenscheibe 24 PS., Zughakenkraft über 1500 kg.

Hubraum: 2355 ccm.

Zylinderdurchmesser: 100 mm.

Hub: 150 mm.

Höchstes Drehmoment: 11,2 mkg.

Kühlung: Wasserkühlung mit reichlich bemessener Zentrifugalpumpe und kräftigem Windflügel.

Fahrgestellaufbau: sehr kräftige rahmenlose Blockkonstruktion.

Gelenkwellen: Rhein-Metall-Gelenke für Kraftübertragung zwischen Motor und Getriebe und Antrieb der Vorderachse in einem geschlossenen Gehäuse.

Angetriebene Vorderachse: Als federnde Pendelachse ausgebildet. Sorgfältige und staubdichte Lagerung der Antriebsteile und der Achsschenkel, Radnaben und Kegelrollenlagern gelagert, Tellerrad und Ritzel mit Bogenverzahnung.

Kupplung: „F.&S."-Einscheibentrockenkupplung K 16 Z.

Getriebe: Besonders kräftige und solide Konstruktion, Räder im Einsatz gehärtet und teilweise geschliffen, 6 Vorwärts- und 2 Rückwärtsgänge.

Hinterachsantrieb: Tellerrad und Ritzel mit Klingelnberg-Palloid-Verzahnung, Kegelradausgleichsgetriebe und sehr kräftige Hinterachswellen, Differentialsperre.

Bremsen: Betriebsbremse (Fußbremse): Innenbacken-Servo-Bremse auf die Hinterräder wirkend, mit Einzelradabbremsung zur Erzielung eines sehr kleinen Wendekreises.

Feststellbremse (Handbremse): Ebenfalls auf die Hinterräder wirkend.

Elektrische Ausrüstung: Spannungsregelnde, gekapselte Lichtmaschine, 12 Volt, 75 Watt, Anlasser 1,8 PS, 12 Volt. Batterie 62,5 Ah, 2 Scheinwerfer, 2 Schlußlampen, Signalhorn und Abblendschaltung.

Anhängevorrichtungen: Anhängerkupplung mit Durchsteckbolzen (serienmäßig) und normale Geräteschiene für Ackergeräte 700 mm breit.

Kraftheberanlage: (Gegen Mehrpreis) bestehend aus einer Hochdruck-Ölpumpe, Aushebezylinder und Gerätekupplung. Die Kraftanlage kann sowohl ausheben wie auch drücken und gestattet eine zentimetergenaue Tiefeneinstellung.

Vertreten durch:

Anbaugeräte: Mit Anbauteilen für verschiedene Geräte: Wechselpflug, Egge, Kultivator, Vielfachgerät, Hackgerät u. a.

Normale Ausrüstung: Elektrische Ausrüstung mit Anlasser, Differentialsperre, Einzelradabbremsung, Muldensitz, Anhängekupplung, Werkzeugkasten mit Werkzeugen, normale Ersatzteile, vordere Abschleppkupplung, Geräteschiene, Riemenscheibe 230×140 ⌀ mm, 1370 U/min. Zapfwelle 530 und 1482 U/min., beide Kotflügel als Sitzbank ausgebildet.

Sonderausrüstung: Mähantrieb, Anbaugrasmäher mit Aufzugvorrichtung, geschlossene Sitzverkleidung, Seilwinde und Bergstütze, aufsetzbares Allwetterverdeck mit 3 Scheibenseiten, ölhydraulischer Kraftheber, Reifenfülleinrichtung, Spritzanlage, Ventil für Wasserballast, Ballastgewichte.

Abmessungen:

Länge über alles	3150 mm
Breite über alles	1665 mm
Höhe über Lenkrad	1700 mm
Höhe ohne Lenkrad und Sitz	1480 mm
Spurweite hinten und vorn	1250 mm
umsteckbar auf	1500 mm
Bodenfreiheit durchgehend	400 mm
Wenderadius, normal	3,3 m
Wenderadius bei Abbremsen eines Rades	2,2 m
Radstand	1400 mm
Eigengewicht ohne Ballastgewichte, betriebsfertig ca.	1950 kg
Riemenscheibenleistung	24 PS
Bereifung: vorn und hinten	6,50—32 AS

Geschwindigkeiten bei voller Zugkraft:

1. Gang	3,3 km/h
2. Gang	5,1 km/h
3. Gang	7,7 km/h
4. Gang	9,1 km/h
5. Gang	14,2 km/h
6. Gang	19,8 km/h
R. Gang	4,6 km/h und 12,7 km/h

Kraftstoffbehälter: 36 Liter Inhalt.

Kraftstoffverbrauch: ca. 195 g/PSh.

Abbildungen, Maße und Gewichte unverbindlich.

Änderungen vorbehalten.

Deuliewag Traktoren und Maschinen G.m.b.H.

Wer Dr. Friedrich-Wilhelm Jeroch
Li 2000 HAMBURG 55
Telegramr Frenssenstrasse 80
Tel.: 0411 / 86 25 07

Export-Büro:
)urg 36, Alsterufer 16
nm-Adresse: Deuliewag Hamburg
Telefon: 44 22 60

Verkaufsbüro Niedersachsen:
Hannover, Heinrich-Heine-Straße 21, Telefon: 836 75

DEUTZ
DEUTZ
KLÖCKNER-HUMBOLDT-DEUTZ AG·KÖLN

Der unverwüstliche
DEUTZ-BAUERNSCHLEPPER

bietet neben überragenden konstruktiven Eigenschaften den bemerkenswerten Vorzug, daß Fahrgestell, Motor und Aufbau aus **einem** Guß in unseren eigenen, modernen Fabrikationsanlagen hergestellt sind. Damit bieten wir die unbedingte Gewähr für zweckmäßige Fertigung aller Fahrzeugteile und höchsten Gebrauchswert.

Der **DEUTZ-Bauernschlepper** übernimmt jede Arbeit in Hof und Feld, er zieht auf Acker und Straße, er pflügt, eggt und drillt und treibt mit der eingebauten Zapfwelle die angehängten Geräte. Der robuste, außerordentlich wirtschaftliche Motor ist das Erzeugnis der ältesten Motorenfabrik der Welt. Gute Acker- und Straßengängigkeit zeichnen diese vorbildliche Schlepperkonstruktion besonders aus. Die Spurweite ist in den erforderlichen Grenzen verstellbar. Günstige Anhängepunkte für Anbaupflüge und sonstige Bodenbearbeitungsgeräte, für Ackerwagen, Aufsattelwagen, Kartoffelroder usw. Jeder Schlepper ist mit einer ein- und ausrückbaren Riemenscheibe ausgerüstet. Auf Wunsch können Zapfwelle und Mähwerk angebracht werden.

Der DEUTZ-Bauernschlepper *arbeitet und spart für Sie!*

Technische Einzelheiten:

Bauart: rahmenlos. Vorderachsbock, Motor und Getriebe unmittelbar miteinander verflanscht.

Motor: Deutz Viertakt-Einzylinder-Dieselmotor F 1 M 414, 11 PS, Vorkammerbauart; Motorblock mit eingesetzter auswechselbarer Zylinderbüchse. Leichtmetallkolben, Druckschmierung, Deutz-Einspritzpumpe; Andrehen von Hand, Einscheibentrockenkupplung im Schwungrad, Bohrung 100 mm. Hub 140 mm, Hubraum 1,1 l.

Vorderachse: starke, geschmiedete I-Stahlachse, am Vorderachsbock pendelnd gelagert, mit kräftigen Achsschenkelzapfen.

Hinterachse: Ausgleichgetriebe, zwei Achshälften in beiderseits am Getriebegehäuse angeflanschten Tragrohren in kräftigen Wälzlagern laufend.

Getriebe: vollkommen im Ölbad laufendes Zahnradgetriebe, 4 Vorwärtsgänge 3,2-4,7-8-15 km/h, 1 Rückwärtsgang 3,2 km/h

Riemenscheibe: 225 mm Durchm., 100 mm Breite, 1120 U/min.

Mähbalkenantrieb: 800 U/min.

Bremse: Handbremse auf das Getriebe wirkend als Feststellbremse. Fußbremse auf die Hinterachse wirkend als Fahr- und Lenkbremse.

Elektr. Ausrüstung: Lichtmaschine 75 Watt, 6 Volt, Batterie 14 Ampère-St. 2 Scheinwerfer mit Fern- und Standlicht, 1 Schlußlicht, elektr. Horn.

Gesamtgewicht: 1180 kg ohne Fahrer, mit Kraftstoff, Schmieröl, Kühlwasser.

Kraftstoffverbrauch: 215 g je PS/h, bei Vollast, entsprechend etwa 10 bis 12 kg je 10 Stunden bei Straßentransporten, etwa 14 bis 16 kg je 10 Stunden bei Pflugarbeit.

Schmierölverbrauch: In 10 Stunden etwa 0,5 kg.

Kraftstoffvorrat: 28 l.

Schmierölvorrat im Motor: 4,5 l.

Bereifung: vorn 5,00-16 Standard/Niederdruck, hinten 8,00-20 Traktor.

Abmessungen: Länge 2280 mm, Breite 1535 mm, Höhe 1700 mm.

Achsabstand: 1430 mm.

Bodenfreiheit: 250 mm in der Mitte, 320 mm an den Rädern.

Höhe der Anhängevorrichtung: für Ackergeräte 330 mm, für Wagen 635 mm, Aufsattelpunkt 750 mm.

Kleinster Wenderadius: 3,3 m.

Spurweite verstellbar: 1270/1450 mm.

Zugkraft: am Haken 500 kg.

Bruttoanhängelast bei Höchstgeschwindigkeit auf trockener ebener Straße: 5 t.

Grasmähen: 3-4 Morgen/Stunde.

Pflügen: 4 Morgen in 10 Stunden 20-25 cm tief bei mittelschwerem und ebenem Boden.

Sonderzubehör gegen Mehrpreis:

Zapfwellenantrieb: Durchm. $1^3/_8$"×75 mm, 540 U/min.

Mähwerk: $4^1/_2$ Fuß.

Feste Anhängerschiene.

Anhängevorrichtung für Mähbinderbetrieb.

Kühlersieb.

Kühlerabdeckung.

Abbildungen, Maße und Gewichte sind unverbindlich

KLÖCKNER-HUMBOLDT-DEUTZ
AKTIENGESELLSCHAFT
KÖLN

VERTRETEN DURCH:

100 6 49 Ba

D 2

Der luftgekühlte

EICHER-Diesel-Schlepper

16 PS

GEBR. EICHER TRAKTORENFABRIK **FORSTERN OBB.**

TELEFON MARKT SCHWABEN 151

BAHNSTATION HÖRLKOFEN

Eine Spitzenleistung im Traktorenbau!

Unser EICHER-Diesel-Schlepper Type ED 16 mit **luftgekühltem** 16 PS Viertakt-Dieselmotor ist der

modernste und zuverlässigste Helfer für den Landwirt.

Wir bieten hiermit dem **kleinen** und **mittleren** Bauernhof, sowie dem Großbetrieb als Zusatzgerät eine **völlig ausgereifte,** schon **seit Jahren** erprobte Bauart, die allen Anforderungen der fortschreitenden Technik in der Landwirtschaft entspricht.

Seine **Leistungen** haben alle **Erwartungen** weit **übertroffen.**

Er ist die **ideale bewährte Zugmaschine** für den **Bindemäher, Kartoffelroder, Zweischarpflug, Vielfachgerät, Dreschwagenantrieb** usw.

Dieser Schlepper wurde jahrelang unter schwersten Bedingungen in der Praxis und auf Versuchsgütern ausprobiert, von staatlichen Anstalten geprüft, sogar als **tropenfest** begutachtet und hat sich als eine **außerordentlich zuverlässige,** allen **Dauerbeanspruchungen** standhaltende Maschine erwiesen.

Der **luftgekühlte EICHER-Dieselschlepper** ist bei **strengster Kälte** und **größter Hitze** stets **betriebssicher.**

Durch seinen **enorm niedrigen Brennstoffverbrauch** ist seine Verwendung sowohl für schwerste Acker- und Straßen- als auch für die leichtesten Heuarbeiten **äußerst wirtschaftlich.**

Die **Luftkühlung** ist eine fortschrittliche **Errungenschaft** im Motorenbau und hat viele **große Vorteile.** Es gibt **keine Gefahr** des **Einfrierens** mehr, **kein Wassernachfüllen, keine Reparaturen** am Kühler, Wasserpumpe usw. Die Kühlung ist so ausreichend, daß selbst **bei schwerster Arbeit** an **heißesten Tagen** das **Frischluftgebläse nicht voll beansprucht wird.**

Der Name EICHER ist im **Schlepperbau** seit langem **ein Begriff,** und mit diesem neuen **luftgekühlten EICHER-Schlepper** festigen wir unseren bisherigen guten Ruf noch in besonders eindrucksvoller Weise. **Tausende Kunden beweisen uns immer wieder erneut ihre Zufriedenheit mit unseren überall bestens bewährten Schleppern.**

Verlangen Sie Angebot mit Sonderprospekt.

Einige technische Daten:

Motor
EICHER **Einzylinder luftgekühlter** Viertakt-Dieselmotor 16 PS. 1500 Umdrehungen.

Getriebe:
Blockkonstruktion 4 bezw. 5 Vorwärtsgänge, 1 Rückwärtsgang, Lenkbremse [Einzelradabbremsung].
Vollständige elektr. Ausrüstung Original BOSCH
Großdimensionierter Ölbadluftfilter.

Gewicht ca. 1350 kg.

Normalausrüstung:
Riemenscheibe, Differentialsperre, Zapfwelle, Ackerschiene, hintere und vordere Anhängevorrichtung, Rasspe-Mähwerk 1,52 m Arbeitsbreite.

Bereifung:
8.00 — 20 Ackerluft mit hohem Stollenprofil, vorn 5.00 — 16.

Spurbreite
normal 1,27 m, verstellbar 1,35 m bezw. 1,43 m.

Buchdruckerei Max Herzog, Erding/Obb.

ENSINGER
DIESEL-SCHLEPPER AS25
REINHARD
ENSINGER FAHRZEUGBAU
MICHELSTADT (HESSEN)

ENSINGER Ackerschlepper AS 25

Motor

Zweizylinder-Viertakt-Dieselmotor nach dem Vorkammerverfahren arbeitend mit einer Leistung von 25 PS bei 1500 Umdrehungen in der Minute.
Druckumlaufschmierung mit Zahnradpumpe und Spaltfilter; auswechselbare Zylinderlaufbüchsen; Leichtmetallkolben; Ölbadluftfilter; Bosch-Düsen; Drehzahlverstellung durch Hand- und Fußbetätigung.

Fahrgestell

Rahmenlose Blockbauart.

Kühlung

Flüssigkeitskühlung mit Pumpe und Windflügel; Rippenrohrkühler mit reichlichem Wasserinhalt.

Getriebe

Viergang- oder Siebengang-Getriebe: Mit Differentialsperre; rahmenlose Blockkonstruktion; Schalt- und Ausgleichgetriebe aus besten Spezialstählen gefertigt; Zahnflanken geschliffen.

Abstufungen:

BEI REIFEN	9,00–24 AL
Getriebe	4-Gang
I-Gang km/Std.	3,32
II-Gang km/Std.	6,3
III-Gang km/Std.	10,7
IV-Gang km/Std.	19,8
R-Gang km/Std.	2,54

Beim Siebengang-Getriebe werden die Geschwindigkeiten der Gänge I bis III unterteilt.

Kupplung

Reichlich dimensionierte Einscheiben-Trockenkupplung.

Bremsen

Mechanische Fußbremse, System „Perrot", als Innenbackenbremse auf die Hinterräder wirkend; Einzelradbremsung der Hinterräder (Lenkbremse).
Innenbacken-Handbremse auf das Getriebe wirkend; auch bei angehängter Last unbedingte Standsicherheit.
Beide Bremsen leicht nachstellbar.

Lenkung

Automobil-Konstruktion; leicht zu bedienen und selbsthemmend. Schub- und Spurstange mit Faudi-Kugelgelenken.

Vorderachse

Teleskop-Federung; geschmiedete Doppel-T-Achse mit Verstrebung; im außerordentlich kräftig elektrisch geschweißten Kopfstück pendelnd aufgehängt; Kegelrollenlager zur Radlagerung.

Bereifung

Vorne:	5,50—16 normal oder
	5,50—16 Spur
Hinten:	9,00—24 AL oder
	11,25—24 AL gegen Aufpreis

Anhängevorrichtung und Anbauträger

Gefederte Anhängekupplung mit gesichertem Durchsteckbolzen; Anbauträger und Ackerschiene zur einfachen Montage der Anbaugeräte.

Elektrische Ausrüstung

Vollständige 6-V-Bosch-Lichtanlage mit Lichtmaschine 75 W; Batterie 50 Amp./Std.; Scheinwerfer, Schlußlichter, elektrisches Signalhorn.
Elektrische Vorglühanlage mit Glühüberwacher und Glühschalter.

Sonderausrüstung

Elektrische Anlaßvorrichtung; 12-V-Lichtanlage mit 2,5 PS, Bosch-Anlasser und Batterie 75 Amp./Std.

Mähantrieb vom Schaltgetriebe über Stirnräder angetrieben; durch hohe Drehzahl gute Schnittleistung.

Mähwerk: 5 Fuß.

Zapfwelle und Riemenscheibe durch einen gemeinsamen Hebel geschaltet; genormtes Keilwellenprofil; durch Abdeckhaube gut geschützt.

Riemenscheibe: Bei Viergang- und Siebengang-Getriebe 230 Durchm. x 140, 1380 Umdrehungen in der Minute.

Maße und Gewichte

		4-Gang-Getr.	7-Gang-Getr.
Spurweite		1250 mm	1250 mm
Verbreitete Spurweite durch Umdrehung der Felge	vorn	1410 mm	1410 mm
	hinten	1426 mm	1426 mm
Radstand		1650 mm	1750 mm
Länge über alles		2730 mm	2830 mm
Breite über alles		1550 mm	1550 mm
Höhe über alles		1700 mm	1700 mm
Bodenfreiheit bei Reifen 9,00—24		320 mm	320 mm
bei Reifen 11,25—24		330 mm	330 mm
Kleinster Wenderadius	innen	1100 mm	1100 mm
	außen	2600 mm	2600 mm
Höhe bis Mitte Anhängekupplung bei Reifen 9,00—24		725 mm	725 mm
bei Reifen 11,25—24		755 mm	755 mm
Gewicht		1690 kg	1750 kg
Kraftstoffüllung	ca.	32 l	ca. 32 l
Wasserfüllung	ca.	13 l	ca. 13 l
Schmierölfüllung im Motor	ca.	8 l	ca. 8 l
Schmierölfüllung im Schaltgetriebe mit Mähantrieb	ca.	12,5 l	ca. 12,5 l
ohne Mähantrieb	ca.	10,5 l	ca. 10,5 l
Schmierölfüllung im Ausgleichgetriebe	ca.	8,5 l	ca. 8,5 l

Größte Zughakenkraft

(mit Reifen 9,00—24 AL)

4- und 7-Gang-Getriebe	
bei	19,8 km/Std.
auf ebener Straße	196 kg
bei	3,32 km/Std.
auf dem Acker	1170 kg

Größte Anhängelast

auf ebener Straße ca. 15—18 t bei 19,8 km/Std. einschließlich Anhängergewicht.

1. Dez. 1941
Jederzeit einsatzbereit
FAHR
ACKERSCHLEPPER T 22
MIT EISENBEREIFUNG
AHR 1543

Der FAHR *Ackerschlepper* T22

ist die vollendete Ausführung des bekannten F 22 unter Beibehaltung aller bisherigen Vorzüge, jedoch unter Berücksichtigung aller für die 20 PS Klasse typisierten Abmessungen.

Wird der Schlepper eisenbereift geliefert, so erhält er für den Acker hinten Spatengreifer und vorn einen Spurkranz. Für Straßenbetrieb wird hinten ein Laufring aufgelegt und der Spurkranz an den Vorderrädern abgenommen.

Der eisenbereifte FAHR-Ackerschlepper hat den großen Vorteil, daß er im Bedarfsfalle ohne weiteres auf Gummibereifung umgestellt werden kann. Solange der Schlepper eisenbereift läuft, ist der 4. und 5. Gang blockiert.

Die Geschwindigkeiten der übrigen 3 Gänge liegen wie folgt:

1. Gang	4 km/h
2. Gang	5,6 km/h
3. Gang	8 km/h
Rückwärtsgang	4 km/h

Es kommt daher bei Eisenbereifung der 1. Gang für Pflug- und der 2. für Mäharbeit in Frage.

Die Radabmessungen sind:	vorn 650 × 115	hinten 1000 × 280
	vorn 735 × 8	hinten 1200 × 100
	mit Spurring	mit Laufring

Die Spur läßt sich durch einfaches Umsetzen der Räder von 1285 auf 1445 mm ändern.

Betriebsfertiges Gewicht des eisenbereiften Schleppers 1920 kg.

MASCHINENFABRIK FAHR AG.

GOTTMADINGEN KREIS KONSTANZ

F 2557 411

beim Pflügen

beim Mähen mit FAHR Mähbalken

beim Mähen mit Zapfwellenbinder

für Straßenfahrt

FAMO-
Ackerradschlepper

sind leistungsfähige Zugmaschinen für alle Zwecke der Landwirtschaft sowie für den Transport auf dem Acker, in der Forstwirtschaft und auf der Straße. Mit ihrem

42/45 PS Diesel-Motor

besitzen sie eine Leistung, die auch unter ungünstigen Verhältnissen am Zughaken ausgenutzt werden kann, zumal da die besonders günstige Gewichtsverteilung eine ausgezeichnete Bodenhaftung ergibt. Der Schlepper ist luftbereift und besitzt

5 Geschwindigkeiten.

Die unteren drei Gänge sind besonders für die Bodenbearbeitung bestimmt. Der Hauptarbeitsgang von 4,8 km/Std. bietet eine für die Krümelung vorteilhafte Geschwindigkeit, wobei mit dem

vierscharigen Saatpflug

bis 0,55 ha in der Stunde geleistet werden. Der 4. und 5. Gang dienen der Straßenfahrt, wobei der 5. Gang mit luftbereiften Anhängern besonders günstige Transportleistungen ergibt. Der Schlepper erhielt die höchste Auszeichnung des Reichsnährstandes, die silberne Preismünze der Austellung Hamburg 1935.

Baubeschreibung

Die rahmenlose Bauart, bei der Motor und Getriebegehäuse in starrer Verbindung den tragenden Rumpf des Schleppers bilden, ergibt die für die Anwendung des Schleppers notwendige Unempfindlichkeit und bequeme Reinigungsmöglichkeit.

FAMO

Motor

Der Vierzylinder-Dieselmotor ergibt einen gleichmäßigen Zug. Er leistet mit seinem Hubraum von 5 Liter 42/45 PS bei 1250 Umdrehungen je Minute, die durch einen Regler eingehalten werden. Die gleichmäßige und stoßfreie Antriebskraft ist besonders vorteilhaft für den schonenden Betrieb von Bindemähern, Mähdreschern und Dreschmaschinen, auch in Bezug auf Schnitt und Reinigung. Auswechselbare Zylinderbuchsen, Leichtmetallkolben und eine sehr kräftige, dreifach gelagerte Kurbelwelle machen den Motor für dauernde Höchstleistung geeignet. Die Benzin-Handanlassung macht von der Beschaffenheit und dem Ladezustand eines Kraftspeichers unabhängig und hat sich langjährig als betriebssicher bewährt.

Zubehör

Die Schlepper haben eine untere Anhänge-Vorrichtung für Bodenbearbeitungsgeräte und eine obere für Anhängewagen; beide sind gefedert. Die Schlepper sind normal mit einer für sich abschaltbaren Zapfwelle für Binderantrieb ausgerüstet sowie mit vollständigem Werkzeug versehen. Auf Wunsch wird ein Riemenantrieb für Dresch- und andere Arbeitsmaschinen geliefert, der leicht angesetzt werden kann und auch für sich abschaltbar ist. In Sonderfällen kommt der Anbau einer Seilwinde in Frage. Zu den Schleppern werden elektrische Beleuchtung, auch mit Arbeitslicht nach hinten, sowie Boschhorn und auf Wunsch auch Winker geliefert. Für Reihenbearbeitung können schmale eiserne Austauschräder, die auf verschiedene Spurweiten umsteckbar sind, geliefert werden. Die luftbereiften Räder haben geteilte Felgen, was die Reifenmontage überaus vereinfacht.

FAMO-Dieselschlepper sind für hohe Anforderungen an Zugleistung und Dauerhaftigkeit gebaut. Sie verkörpern auch unsere langjährigen Werks- und Betriebserfahrungen im Bau von Raupenschleppern für die Landwirtschaft. Die Güte des Werkstoffes, die reichliche Verwendung von Wälzlagern und gehärteten Wellen und Zahnrädern sowie eine gediegene Werkmannsarbeit vollenden das Bild des hohen Standes der Technik der FAMO-Schlepper.

FAMO-Ackerradschlepper mit eisernen Austauschrädern und Riemenantrieb

TECHNISCHE DATEN

	luftbereift
Gewicht	3510 kg
Größte Länge	3500 mm
Größte Höhe (ohne Auspuff)	1600 mm
Größte Breite	1680 mm
Bodenfreiheit	300 mm
Anhängevorrichtung	
oben	620 mm
unten	330 mm
Riemenantrieb.	870 je Minute
Scheibendurchmesser . . .	450 od. 350 mm
Spurweite	1390 mm
Hinterrad-Maße	12.75—28
Vorderrad-Maße	7.00—20
Gang-Geschwindigkeit . .	
1. Gang	3,7 km/Std.
2. Gang	4,8 km/Std.
3. Gang	5,8 km/Std.
4. Gang	9,6 km/Std.
5. Gang	17,8 km/Std.

Die Maße, Gewichte und Leistungsziffern sind unverbindlich. Änderungen vorbehalten.

Wir bauen ferner:

RAUPENSCHLEPPER

Rübezahl 60/65 PS
Boxer 42/45 PS

für Land- und Forstwirtschaft

für Industrie und Baugewerbe

„FAMO"

FAHRZEUG- UND MOTORENWERKE
GESELLSCHAFT MIT BESCHRÄNKTER HAFTUNG
BRESLAU 6

Korndruck Bresl.

FENDT
Dieselross
FENDT
Der neue 24 PS luftgekühlt

FENDT - 24 PS -

LUFTGEKÜHLT MIT ANBAUGERÄTEREIHE

Ein idealer Schlepper der Mittelklasse: EINFACH, FORMSCHÖN UND ROBUST! Leistungsfähiger Motor im Baukastensystem, damit einheitliche Größe der Verschleißteile, was die Ersatzteil-Frage wesentlich vereinfacht. Der F 24 L, mit FENDT-Hydraulik und Anbaugerätereihe ausgerüstet, bringt eine Steigerung der Arbeitsleistung und vermindert die körperliche Anstrengung auf Acker, Feld und Hof.

FENDT-HYDRAULIK

DREIPUNKTAUFHÄNGUNG ODER NORMSCHWINGRAHMEN

Bemerkenswerte Kennzeichen der FENDT-Hydraulik: Beim deutschen Patentamt angemeldet – Arbeitsvermögen 350 mkg, maximal 480 mkg – kupplungsunabhängiger Antrieb der Hydraulik-Pumpe – keine störungsanfälligen Ölwege durch schlauchlose Konstruktion – automatische Hub- und Senkbegrenzung – Anschluß für Frontlader – hydraulisches FENDT-Mähwerk – international genormte Dreipunktkoppelung mit kompletter Gerätereihe – werkzeuglose Einmannbedienung – kürzeste Rüstzeiten durch Schnellverschlüsse – freibewegliche und starre Anbringungsmöglichkeit von Arbeitsgeräten – höhenverstellbare, seitensteife Ackerschiene – auf Unfallsicherheit wurde größtes Augenmerk gelegt – formschöner Einbau im Schlepper – preisgünstig.

TECHNISCHE DATEN

Grundausrüstung

Motor: Robuster, luftgekühlter 2-Zylinder-Dieselmotor, 24 PS-Leistung bei 2000 U/min, Hubraum 1810 cm³, Bohrung 98 mm, Kolbenhub 120 mm, Kraftstoffverbrauch 1,75 l/Std.

Getriebe: 6 Vorwärts- und 2 Rückwärtsgänge mit Zahn- und Klauenschaltung.

Bremsen: Mechanische Innenbackenbremse durch Gestänge auf Hinterräder wirkend, Handfeststellbremse oder gegen Mehrpreis Getriebehandbremse als Bandbremse.

Zapfwelle: 1 Zapfwelle hinten, normal, mit einer Drehzahl von 533 U/min.

Vorderachse: Pendelnde Schwingachsenfederung.

Lenkung: Ölgekapselte, kräftige Schneckenlenkung, verschleißfeste Kugelgelenke, Spurstange nachstellbar.

Bereifung: Vorn 5,00–16 AS-Front, hinten 10–28 AS
8–32 AS (Minderpreis)

Geschwindigkeiten: (km/Std.)

1. Gang	ca.	0,9–1,9	Kriechgang
2. Gang	ca.	3,0	Ackergänge
3. Gang	ca.	5,0	
4. Gang	ca.	7,8	Mähgang
5. Gang	ca.	12,0	
6. Gang	ca.	20,0	
1. Rückwärtsgang	ca.	2,5	
2. Rückwärtsgang	ca.	11,0	

Elektrische Einrichtung: 12-Volt-Anlasseranlage, Lichtmaschine, Batterie, 2 Scheinwerfer, 2 Schlußleuchten, 1 Horn, 1 Warnlampe, (die rot aufleuchtet, wenn Motor ohne Öl läuft) – 1 Warnlampe, (die grün aufleuchtet, wenn Lichtmaschine nicht ladet), 1 Steckdose für Anhängerbeleuchtung und Stopplicht.

Zusatzgeräte

Hydraulischer Kraftheber mit Dreipunktaufhängung oder Normschwingrahmen - Mähwerk mit 5-Balken und automatischer Rutschkupplung, Antrieb direkt vom Motor, Riemenscheibe mit Zapfwellenanschluß (Drehzahl 1357 U/min, ⌀ 226 mm, Breite 150 mm), Allwetterverdeck mit Scheibenwischer, Blinklichtanlage, Cord-Vorhänge, FENDT-Klappgreifer, Gitterräder für Bereifung 10–28, Reifenfüllpumpe, Forstseilwinde, Sitzkissen für Fahrersitz, Suchscheinwerfer, Handlampe mit Kabel, Kotflügelsitzbank rechts, Kraftstoffverbrauchszähler.

Maße und Gewichte:

Länge	ca.	2945	mm
Breite	ca.	1560	mm
Höhe mit Mähbalken	ca.	1950	mm
Höhe ohne Mähbalken	ca.	1760	mm
Radstand	ca.	1809	mm
Spurweite normal	ca.	1250	mm
Spurweite verstellt	ca.	1500	mm
Bodenfreiheit	ca.	407	mm
Wendekreis-Radius	ca.	2700	mm
Eigengewicht	ca.	1450	kg
höchst-zulässiges Gesamtgewicht	ca.	3100	kg
zulässige Norm-Achslast vorn	ca.	700	kg
zulässige Norm-Achslast hinten	ca.	1600	kg

Abbildungen, Angaben und technische Daten unverbindlich und jederzeit veränderlich.

X. FENDT & CO. MARKTOBERDORF/BAYERN

Dieselross SCHLEPPER

Heinrich Nicolaus G.m.b.H. Kempten/Allgäu 2. 54 215000

Der LKS beim Getreidemähen mit Selbstbinder

LKS bei der Getreideernte mit angehängtem Ackerwagen auf losem Sandboden und ansteigendem Gelände

GRAMS-LKS mit geländegängigem Leichtstahlanhänger in schwieriger Gebirgslage, 80 Zentner Mehl befördernd (Sauerland)

GRAMS-LKS mit Tragpflug (Patent Wurr) beim Pflügen. Am Hinterrad ist die Nabe zum Aufstecken des Greiferrades sichtbar (Bezirk Bremen)

Der LKS beim Rübentransport auf sauerländischem Gebirgsacker

LKS als Motormäher

Der 12,5 PS Universal-Kleinschlepper und motorisierte Ackerwagen ist der vielgesuchte Kleinschlepper, der auf fast allen Böden alle Gespannarbeiten ausführt und in der Praxis pferdelosen Betrieb ermöglicht hat.

Der Motor ist als Heckmotor ausgebildet und mit dem Getriebe zu einem Block vereinigt. Der Maschinenblock ist gelenkig unter dem Fahrzeug angeflanscht. 80 % des Maschinengewichtes ruhen auf den Antriebsrädern. In Verbindung mit dem auflastenden Ladegut ist jedes Rutschen auf nassem Hackfruchtschlag, versumpften Wegen und steilen Gebirgsstraßen weitgehend vermieden.

Der 12,5 PS Original-Junkers-Motor ist von besonderer Einfachheit und Wirtschaftlichkeit und springt ohne Anlaßhilfsmittel sofort an.

Mit unserem neuen Zweischar-Tragpflug Pat. Wurr, Modell 1936, stellt der LKS, auf Sandboden mit Zwillingsrädern und auf Lehmboden mit Zusatzgreifern ausgerüstet, täglich 6—7 Morgen Saatfurche her und pflügt auch kleine Stücke sorgfältig aus. Die Brennstoffkosten für eine solche Tagesarbeit betragen ca. 3,50 RM.

Auf fester Straße befördert der LKS 35 Ztr. Eigenlast und 70 Ztr. Anhängerlast, insgesamt also über 100 Ztr., mit 16 km Geschwindigkeit.

Auf dem Acker schleppt der LKS einen beladenen Gespannwagen und noch 35 Ztr. Eigenlast.

Auf nassen Hackfruchtschlägen und losem Kartoffelacker, wo sich der Schlepperbetrieb bisher nicht bewähren konnte, befördert der LKS das Erntegut (35 Ztr.) auf eigener Ladefläche. Der Anhänger mit seinem Fahrwiderstand und seinem Totgewicht fällt fort.

Der LKS ist unerreicht als Motormäher (direkt gekuppelt) und bei der Ernte zum Schleppen des Binders. Bei leichten Fuhren, Milch usw., pro km nur 1 Pfg. Brennstoffkosten.

Sonntags oder zum entfernt liegenden Arbeitsplatz Personenbeförderung durch einfachen Bankaufsatz.

Unverbindliche Vorführungen im ganzen Reich.

FUNCKE & HUECK, HAGEN IN WESTF.

Bequemer und mit größerem Nutzen arbeiten ...
... dieser alte Wunsch ist erfüllt!
Der neue Gutbrod Farmax motorisiert die Bauernarbeit!
Pflügen
Schälen
Eggen
Drillen
Pflanzlochen
Hacken
Häufeln
Kultivieren
Mähen
und ...
Transportieren
AW 30 - 2121
48

Diese technischen Einzelheiten und Leistungen bietet Ihnen der vielseitige Gutbrod Farmax

MASCHINEN-AUSRÜSTUNG

MOTOR NACH WAHL:

TYP FARMAX 10-D: 1 Zyl., 4-Takt-Dieselmotor mit Verdampfungskühlung, Leistung 10 PS

TYP FARMAX 10-O: 2 Zyl., 2-Takt-Vergasermotor mit Luftkühlung, Leistung 12 PS

GETRIEBE:
3 Vorwärtsgänge, 1 Rückwärtsgang
1. Gang . . . . 3,31 km/Std.
2. Gang . . . . 5,54 km/Std.
3. Gang . . . . 13,80 km/Std.

BREMSEN:
Hand-u. Fußbremse, Hinterrad-Lenkbremsen

BEREIFUNG:
hinten 8,00×20, vorne 5,50×16

GESAMTGEWICHT:
ohne Anbaugeräte, mit Ladepritsche
FARMAX 10-D . . . . ca 900 kg
FARMAX 10-O . . . . ca 800 kg

NUTZLAST . . . . 1000 kg

ABMESSUNGEN:
größte Länge . . . . 2950 mm
größte Breite . . . . 1650 mm
größte Höhe . . . . 1540 mm
Bodenfreiheit in Achs-Mitte . . . . 300 mm
Bodenfreiheit seitlich unter dem Achsgehäuse . . . . 500 mm
Radstand . . . . 1450 mm
Spurweite 1250 mm, umstellbar auf 1450 mm
Wenderadius ohne Lenkbremse ca 2,50 m
Wenderadius mit Lenkbremse ca 2,00 m

LADEPRITSCHE: Tragkraft . . . 1000 kg
Länge . . . . 2200 mm
Breite . . . . . 1600 mm
Höhe . . . . . 350 mm

ZAPFWELLEN:
hinten: verfügbare Leistung 9 (11) PS, Drehzahl 540 U/Min. (eingeklammerter Wert gilt für Vergasermotor)
vorne: verfügbare Leistung 6 PS, Drehzahl 1100 U/Min.

RIEMENSCHEIBE:
verfügbare Leistung 9 (11) PS, Drehzahl 1000 U/Min.

MÄHANTRIEB:
Kraftübertragung durch Doppelkeilriemen, übertragbare Leistung 6 PS, Drehz. 1000 U/Min.

ANHÄNGEVORRICHTUNGEN:
Anhängevorrichtung für Anhänger (Höhe über dem Boden 730 mm). Anhängeschiene für Geräte, verstellbar von 50 bis 300 mm Höhe über dem Boden.

AUSHEBEVORRICHTUNG:
Zum wahlweisen Ausheben und Einsetzen aller Anbaugeräte, wie Mähbalken, Hackgerät, Vielfachgerät, Pflüge, Spurlockerer usw. mit einem von Hand ohne große Kraftanstrengung zu betätigenden Hebel.

TIEFENVERSTELLUNG: Eine unter der Hinterachse angebrachte Bügelschiene ist schwenkbar und in ihrer Höhe verstellbar angeordnet. Sie dient:
1. zur Anbringung der Pflüge,
2. als Geräteschiene durch Schwenken nach hinten.

ZUBEHÖR:
elektrischer Anlasser (nur bei Vergasermotor), elektrisches Horn, Ersatzteile, Werkzeuge.

BELEUCHTUNG:
2 Scheinwerfer mit Stand-, Abblend- und Fernlicht. Schluß- und Nummernschildbeleuchtung. Steckdose mit Stecker für Schlußbeleuchtung des Anhängers.

GERÄTE-AUSRÜSTUNG

PFLÜGE:
KEHRPFLUG für einschariges Tiefpflügen mit Grenzpflugeinrichtung: Arbeitstiefe bis 25 cm, Arbeitsbreite bis 28 cm

2-SCHAR-KEHRPFLUG mit 45 cm Arbeitsbreite, bis 15 cm Arbeitstiefe. (Auch als Beetpflug lieferbar).

MÄHBALKEN:
Mittelschnitt-Mähbalken, nutzbare Arbeitsbreite . . . . 1,70 m

HACK- UND VIELFACHGERÄT:
Maximale Arbeitsbreite 2,00 m. 2 hinter der Vorderachse angebrachte, einzeln abgefederte Hackschienen mit Parallelogrammführung, an denen wahlweise Hackwerkzeuge verschiedenster Art angebracht werden können; 1 Hackschiene hinter den Hinterrädern, die zusammen mit den hinter der Vorderachse angeordneten Hackschienen betätigt werden kann.

An der hinteren Hackschiene können folgende Geräte angebracht werden: Spurlockerer, Pflanzlochsterne, Häufelkörper, Hackwerkzeuge.
Die hintere Hackschiene ist schwenkbar, so daß damit der Anstellwinkel (z. B. der Häufelkörper) verstellt werden kann.

ANBAUHACKGERÄT:
mit auswechselbaren Hackschienen für 3-reihiges Kartoffelhacken und zum Rübenhacken mit 2 m Arbeitsbreite (Angabe der Reihenabstände ist erforderlich).

ANBAU-KULTIVATOR mit 7 Spezial-Kultivatorzinken mit Gänsefuß-Schare.
Hackrahmen für weitere Hackfrüchte sind auf Wunsch lieferbar (Angabe der Reihenabstände ist erforderlich).

SPURANZEIGER für Pflanzlochen.
Spuranzeiger für Drillmaschine (Angabe der Drillmaschinen-Arbeitsbreite ist erforderlich).

Alle Daten und Abbildungen dieser Druckschrift sind unverbindlich.

19. Apr. 1940
Güldner
GÜLDNER-MOTOREN-WERKE ASCHAFFENBURG
ZWEIGNIEDERLASSUNG DER GESELLSCHAFT FÜR LINDE'S EISMASCHINEN A.G.
IIU-08184
GÜLDNER-DIESELSCHLEPPER
AUSSMANN

„Gespannhaltung oder Schlepper“? Die Frage ist überholt.

Die Praxis hat längst erwiesen, daß der die Arbeit **von 4 Pferden** leistende Ackerschlepper nicht nur eine bedeutend **wirtschaftlichere und intensivere Bodenbearbeitung** gestattet, sondern auch durch seine **stetige Einsatzbereitschaft** dem Mangel an Arbeitskräften Rechnung trägt.

Seine **vielseitige Verwendungsmöglichkeit** zum Pflügen, Schälen, Eggen, Mähen von Gras und Getreide, Ziehen aller Lasten auf Acker und Straße, sowie zum Antrieb von Dreschmaschinen, Schrotmühlen, Sägen, Pumpen etc. macht ihn zum **unentbehrlichen Helfer jedes Bauern.**

Vorzüge des Güldner-Ackerschleppers A 20

Stehender Güldner-Dieselmotor

mit nur **einem Zylinder,** daher wenige, kräftig dimensionierte Einzelteile und einfache Wartung. Das groß bemessene Schwungrad bewirkt ruhigen, gleichmäßigen Lauf innerhalb des weiten Drehzahlbereiches. Das angewendete verbesserte **Wälzkammerverfahren sichert** größte Ausnutzung des Brennstoffes, also hohe Literleistung bei mäßiger Kolbengeschwindigkeit und vollkommener Verbrennung ohne Verschmutzung der Kolbenringe und Ventile durch Rückstände. Ferner leichtes und sicheres Anspringen des Motors ohne Hilfsmittel. Zündhilfe durch Glühpapier ist nur bei sehr kalter Witterung erforderlich. **Weitere Vorteile des Motors sind:** kräftige, in Rollenlagern laufende Kurbelwelle, in Kugellagern laufende Nockenwelle, leichte Zugänglichkeit zum Triebwerk, automatische Druckumlaufschmierung mit betriebssicherer Zahnradschmierölpumpe und Kontrolle durch Manometer am Armaturenbrett. **Umlaufkühlung,** daher kein ständiges Nachfüllen von Wasser erforderlich. Reichlich bemessene Filter für Ansaugluft, Brennstoff und Schmieröl.

Das Universal-Vierganggetriebe

ist so robust gehalten, daß auch der erste und zweite Gang im Dauerbetriebe z. B. beim Tiefpflügen beansprucht werden kann. Durch Fußhebel zu betätigende **Differentialsperre** ermöglicht bei Rutschgefahr auf schlüpfrigem Boden die starre Verbindung beider Hinterräder. Die Zapfwelle und die für 20 PS Kraftübertragung bemessene Riemenscheibe sind bei laufendem Motor ein- und ausschaltbar.

Antrieb der Mähvorrichtung

erfolgt direkt vom Motor aus, also unabhängig von der Fahrgeschwindigkeit des Schleppers. Die einstellbare Rutschkupplung verhindert Messerschäden. Nachträglicher Einbau des Mähantriebes jederzeit möglich.

Gute Geländegängigkeit durch pendelnde Vorderachse.

Technische Einzelheiten des Güldner-Ackerschleppers A 20

Fahrgestell: Rahmenlose Blockkonstruktion.

Motor: Güldner - Einzylinder - Viertaktdieselmotor, stehender Bauart, 20 PS Leistung bei 1500 U./Min. Bosch-Einspritzpumpe und Bosch-Einspritzdüse, Leichtmetall - Kolben, Spezial - Naßluftfilter, Druckumlaufschmierung, Umlaufkühlung mit Kühlwasserpumpe, Wabenkühler und Windflügel, Brennstoffbehälter 42 ltr. Inhalt.

Kupplung: Einscheiben-Trockenkupplung.

Getriebe und Hinterachse: Vierganggetriebe mit folgenden Geschwindigkeiten:

Bei Hinterradbereifung: 8,00 × 20:	Bei Hinterradbereifung: 9,00 × 24:
3,20 – 5,10 – 7,30 – 13 km/Std.	3,75 – 5,95 – 8,50 – 15,50 km/Std.
Rückwärtsgang 4,4 km/Std.	Rückwärtsgang 5,1 km/Std.

Lenkung: Leichtgängige nachstellbare Schnecken-Lenkung.

Bremsen: Fuß-Bremse als Innenbackenbremse auf die Hinterräder wirkend und feststellbare Getriebe-Handbremse.

Bereifung: Vorderräder: 5,50 × 16 Niederdruckreifen, Hinterräder: 8,00 × 20 Traktor-Luftreifen oder: 9,00 × 24 Traktor-Luftreifen, Schutzbleche für Hinterräder.

Beleuchtung: komplette Lichtanlage, bestehend aus: 45 Watt Lichtmaschine, Batterie, 2 Scheinwerfer, mit Schalter, Schlußlichter, elektrischem Signalhorn.

Anhängevorrichtungen: Wagenanhängevorrichtung und Anhängevorrichtung für Ackergeräte.

Abmessungen: Spurweite 1,27 m, Radstand 1,66 m, Länge 2,65 m, Breite 1,54 m, Höhe 1,70 m, kleinste Bodenfreiheit bei 8,00 – 20 Bereifung: 250 mm, bei 9,00 – 24 Bereifung: 320 mm, Wenderadius außen 3,60 m, Wenderadius innen 1,30 m.

Gewicht: ca. 1600 kg ohne Mähvorrichtung und mit Betriebsstoff.

Zuglast: 13 to bei 13 km Geschwindigkeit per Std. auf ebener trockener Fahrbahn.

Sonder-Ausrüstungen: Zapfwelle 560 Umdr./Min., Riemenscheibe 225 mm Durchmesser, 140 mm Breite, 1380 U./Min., Mähantrieb für Mähbalken. Normalausführung: 5 Fuß, Mittelschnitt.

Vorstehende technische Angaben, Abbildungen, Maße und Gewichte sind unverbindlich. Aenderungen behalten wir uns vor.

Güldner-Motoren-Werke Aschaffenburg

Zweigniederlassung
der Gesellschaft für Linde's Eismaschinen A.-G.

D. 279. bf. 30000. 3. 39.

HAGEDORN
HAGEDORN
der robuste und formschöne
DIESEL-ACKERSCHLEPPER
15 PS und 25 PS mit großer Zugkraft.

Ein unverwüstlicher Vorfahr unseres Ackerschleppers
Baujahr 1926 — und noch heute leistungsfähig im Betrieb

Der „Bauern-Universal-Trecker" WESTFALIA,
Baujahr 1932

Sechs Jahre später!
Ein neuer Typ: Hagedorn-Schlepper des Baujahrs 1938

HAGEDORN-SCHLEPPER

im Zuge der Zeit!

Der neue Hagedorn-Ackerschlepper ist da! Mit dieser Neukonstruktion setzen wir eine alte Tradition unserer Firma fort. Rund ein Vierteljahrhundert ist vergangen, seit wir den ersten Hagedorn-Schlepper unter der Markenbezeichnung „WESTFALIA" der Öffentlichkeit übergaben — ein Vierteljahrhundert des rapiden, technischen Fortschritts. Wir haben in dieser Zeit unsere Schlepper unaufhörlich verbessert und immer neue Typen herausgebracht, die von Fall zu Fall robuster, zugkräftiger, vielseitiger und formschöner wurden. Kein Wunder, daß unsere neuen Hagedorn-Ackerschlepper kaum noch eine Ähnlichkeit mit dem alten Trecker-Veteranen der zwanziger Jahre haben, höchstens in ihrer unverwüstlichen Stabilität. Noch heute sind viele Hagedorn-Schlepper des Baujahres 1926 in Betrieb und leisten nach wie vor ganze Arbeit. Ein besserer Beweis für die solide Bauart der von uns hergestellten Hagedorn-Schlepper kann wohl kaum erbracht werden.

HAGEDORN-ACKERSCHLEPPER TYP HS 25

Und jetzt:

DER NEUE HAGEDORN-DIESEL-ACKERSCHLEPPER

Ein robuster, formschöner Schleppertyp von erstaunlich großer Zugkraft.

Typ HS 25 beim Umbruch

Hervorragende Geländegängigkeit

40 cm Bodenfreiheit
beim Typ HS 15

Seilwinde am Typ HS 25

Fahrsicherheit durch
griffige Spurreifen

Vorzüge der Hagedorn-Ackerschlepper:

Geschlossene und übersichtliche Bauweise • Geräumige und freie Plattform • Äußerst stabile Getriebe, Differentialsperre • Alle Gänge für schwersten Dauerbetrieb bemessen • Neuartige Vorderradfederung, dadurch sicheres Steuern auf dem Acker • Hohe Verwindungsfähigkeit der Vorderachse • Stark profilierte Reifen • Erstaunliche Wendefähigkeit.

Beim Hagedorn-Ackerschlepper Typ HS15:

Besonders große Reifen, dadurch hohe Bodenfreiheit für Hackfruchtarbeiten und enorme Zugkraft auf dem Acker • Sechsganggetriebe.

HAGEDORN-ACKERSCHLEPPER
TYP HS 15

Neuartige Vorderradfederung bei Typ HS 25 und Typ HS 15

Technische Beschreibung und Ausrüstung der

HAGEDORN-SCHLEPPER

Typ HS 15

Motor: MWM, Wasser-Umlaufkühlung, Einzylinder stehend, Viertakt-Diesel 14 PS bei 1500 U/Min., 100 mm Bohrung, 150 mm Hub, 1,2 Ltr. Hubvolumen
oder
Deutz, luftgekühlt Einzylinder stehend, Viertakt-Diesel, 15 PS bei 1650 U/Min. 110 mm Bohrung, 140 mm Hub, 1,35 Liter Hubvolumen.

Kraftstoffverbrauch: ca. 1—1,5 kg pro Arbeitsstunde.

Umdrehungen: 600—1500 bzw. 1650 U/Min. regulierbar.

Kühlung: Wasserumlauf-Kühlung bzw. Gebläse-Luftkühlung.

Brennstofftank: 28 Liter Inhalt.

Lenkung: Spindel-Lenkung, staubdicht.

Getriebe und Hinterachse: Triebblock mit Differentialsperre, direkt am Motorgehäuse angeflanscht, 5 Vorwärtsgänge, 1 Rückwärtsgang, angebauter Mähantrieb.

Geschwindigkeiten: 3,3—5,6—8,1—11,8—20, R 3,8 km/Std. Alle Gänge sind für schwersten Dauerbetrieb bemessen, leichtes Schalten, ruhiger Lauf, gute Zugänglichkeit.

Kupplung: F & S-Mecano-Einscheibenkupplung, reichlich bemessen, leichte Bedienung, keine Wartung.

Bremsen: Doppelte Hinterrad-Innenbacken-Fußbremse mit Handhebelfeststellung und Einzelradabbremsung (Lenkbremse).

Bereifung: Vorn Spurreifen 5,00—16", hinten Ackerluftreifen 6,50—32" (Allzweck), ca. 1,20 m hoch. Dadurch besonders hohe Haftfähigkeit. (Auf Wunsch hinten Ackerluftreifen 8.00—20.")

Vorderradfederung: Neuartig, dadurch sicheres Fahren auf Acker und Straße.

Beleuchtung: Nach Vorschrift, 6 Volt Batterie, vollkommen geschützt, Lichtmaschine, Glühkerzenanlage. Anschluß für Anhängerbeleuchtung und Steckdose für Lichtanschluß.

Anhängevorrichtungen: 2 Anhängekupplungen hinten, 1 Kupplung vorne, Schiene für Ackergeräte und verschiedene Befestigungsmöglichkeiten an Block und Achstrichter für Anbaugeräte.

Maße und Gewicht: Länge 2,53 m, Breite 1,52 m, Haubenhöhe 1,41 m, Radstand 1,50 m, Spurbreite: vorn und hinten 1,25 m, verstellbar auf 1,35 m, 1,45 m, Bodenfreiheit 400 mm. Eigengewicht: ca. 1370 kg.

Wenderadius: Außen ca. 2,30 m.

Riemenscheibe: 1400 U/Min., Riemengeschwindigkeit 16,1 m/sek., Scheibendurchmesser 220 mm.

Zapfwelle: 540 U/Min.

Mähantrieb: 1000 U/Min.

Schutzbleche mit Haltegriffen.

Werkzeug.

Maximale Zugkraft am Haken: 850 kg.

Typ HS 25

Motor: Deutz Zweizylinder-Viertakt-Diesel, 25 PS, 1500 U/Min., 100 mm Bohrung, 140 mm Hub, 2,2 Liter Hubvolumen, Boschdüsen, verbesserte Brennstoff-Pumpen, Umlaufölung, auswechselbare Zylinderbuchsen, gute Zugänglichkeit durch großen, seitlichen Deckel, weitgehende Fuß- und Hand-Drehzahlverstellung vom Führersitz, Ölbadluftfilter, Brennstoffilter, Dekompression, Zahnkranz mit Anlasserdeckel.

Kraftstoffverbrauch: ca. 2—2,5 kg pro Stunde.

Umdrehungen: 600—1500 U/Min. regulierbar.

Kühlung: Wasser-Umlaufkühlung.

Brennstofftank: 28 Liter Inhalt.

Lenkung: Spindel-Lenkung, staubdicht.

Getriebe und Hinterachse: Triebblock mit Differentialsperre, direkt am Motorgehäuse angeflanscht, 4 Vorwärtsgänge, 1 Rückwärtsgang. Angebauter Mähantrieb.

Geschwindigkeiten: 3,2—6,1—10,5—19,2, R 2,5 km/Std. Alle Gänge sind für schwersten Dauerbetrieb bemessen, leichtes Schalten, ruhiger Lauf, gute Zugänglichkeit.

Kupplung: F & S-Mecano-Einscheibenkupplung K 16, reichlich bemessen, leichte Bedienung, keine Wartung.

Bremsen: Doppelte Hinterrad-Innenbacken-Fußbremse mit Lenkbremsung und feststellbare Hand-Getriebebremse.

Bereifung: Vorn Spurreifen 5,50—16", hinten Ackerluftreifen 9.00—24".

Vorderradfederung: Neuartig, dadurch sicheres Fahren auf Acker und Straße.

Beleuchtung: Nach Vorschrift, 6 Volt Batterie, vollkommen geschützt, Lichtmaschine, Glühkerzenanlage, Anschluß für Anhängebeleuchtung und Steckdose für Lichtanschluß.

Anhängevorrichtungen: 2 Anhängekupplungen hinten, 1 Kupplung vorne, Schiene für Ackergeräte sowie verschiedene Befestigungsmöglichkeiten an Block und Achstrichter für Anbaugeräte.

Maße und Gewicht: Länge 2.57 m, Breite 1,54 m, Haubenhöhe 1,37 m. Radstand: 1,60 m, Spurbreite: vorn und hinten 1,25 m, verstellbar auf: 1,35 m, 1,45 m, Bodenfreiheit 360 mm, Eigengewicht: ca. 1670 kg.

Wenderadius: Außen ca. 2,80 m.

Riemenscheibe: 1350 U/Min., Riemengeschwindigkeit 16,3 m/sek. Scheibendurchmesser 230 mm.

Zapfwelle: 540 U/Min.

Mähantrieb: 1000 U/Min.

Schutzbleche mit Haltegriffen.

Werkzeug.

Maximale Zugkraft am Haken: 1250 kg.

Sonderausrüstungen Typ HS 15 und Typ HS 25

Komplette elektr. Anlasseranlage 12 Volt.
Anbaumähwerk 1,50 m Schnittbreite, leichteste Bedienung, mit 2 Messern, in einer Minute von einer Person zu montieren.
Anbaupflüge in neuester Konstruktion von Spezialfabriken.
Ansteckbare besonders breite Schiene für Ackergeräte.
Öldruck-Hebevorrichtung (Kraftheber).
Vordere Kotflügel.
Seilwinde mit 50 m Seil und **Bergstütze** dazu.

Änderungen, insbesondere Verbesserungen, vorbehalten.

GEBRÜDER HAGEDORN & CO

Landmaschinenfabrik
Eisengiesserei
WARENDORF/WESTF.

DRAHTWORT: GEBR. HAGEDORN · RUF 519 · POSTSCHECKKONTO KÖLN UND DORTMUND 2337

20 PS HANOMAG
Diesel-Bauernschlepper
Der Hanomag-Diesel-Bauernschlepper
ist der beste Helfer für den Bauern!
S 3708/439.

GERINGE BETRIEBSKO

Seit mehr als 15 Ja
Landwirtschaft u
stellung von Die
über fast zehnjä
Schleppern. Der
umfassenden Erfa

Nach über zweijähriger Erprob
ser Bauernschlepper in der ra

Überall dort, wo es darauf ank
Bodens den Betrieb wirtschaf
steigern und die An- und Ab
sicherzustellen, wird ein Hanom
leisten. Er hilft Ihnen, die währ
erforderlichen Spitzenleistunge
eines Bauernschleppers kann d
forderlich war, für die Erzeugu
werden, und Sie haben dadu

Der Hanomag-Diesel-Bauernsc
geräten, wie Riemenscheibe, Z
wird dadurch zur Kraftquelle, d
landwirtschaftlichen Maschine

Der Hanomag-Bauernschleppe

- für 13 km/Std
- für 24 km/Std

EINFACHE BEDIE

N UND HOHE LEISTUNG

ut die Hanomag Schlepper für die
its 1930 begann sie mit der Her-
oren. Die Hanomag verfügt also
Erfahrung im Bau von Diesel-
schlepper ist das Ergebnis dieser
n.

den Markt gebracht, hat sich die-
s bereits tausendfach bewährt.

durch intensive Bearbeitung des
zu gestalten, die Ernteerträge zu
r landwirtschaftlichen Produkte
sel-Bauernschlepper gute Dienste
r Frühjahrs- und Herbstbestellung
reichen. Bei der Inbetriebnahme
rfläche, die bisher für Zugtiere er-
nschlicher Nahrung freigemacht
ebliche wirtschaftliche Vorteile.

r wird auf Wunsch mit Zusatz-
le und Mähbalken geliefert und
Antrieb der verschiedenartigsten
net ist.

geliefert:

stgeschwindigkeit,

stgeschwindigkeit.

NG UND WARTUNG

TECHNISCHE EINZELHEITEN

Motor

Motor und Getriebe sind zu einem Block vereinigt, verwindungs- und vibrationsfrei in großen Gummiblöcken im Fahrzeugrahmen aufgehängt.

Vierzylinder. Im Viertakt arbeitend, bewährtes Vorkammersystem, Bohrung 80 mm, Hub 95 mm, Hubraum 1900 ccm, 19,8 PS bei 2000 Umdrehungen. Regulierung durch pneumatischen Regler. Abnehmbarer Zylinderkopf. Auswechselbare Zylinderbuchsen aus Spezialmaterial. Leichtmetallkolben.

Ventile. Hängende Ventile, durch Schwinghebel von oben betätigt.

Kurbelwelle. Fünffach gelagert. Doppelduro gehärtete Kurbelwelle mit kräftigen Kurbel- und Pleuelzapfen und besonders starken Wangen, statisch und dynamisch ausgeglichen.

Lagerung. Kurbelzapfen in Blei-Bronze-Schalen mit Gittermetall-Ausguß, Pleuelzapfen in Blei-Bronze-Schalen.

Bosch-Brennstoff-Pumpe

Bosch-Einspritzventile. Geringer Einspritzdruck durch Vorkammersystem.

Brennstoffreinigung, dreifach durch Siebvorlagen und Boschfilter.

Luftreinigung durch automatisches Öl-Luftfilter.

Motorschmierung. Selbsttätige Druck-Umlaufschmierung mittels Zahnradpumpe. Kontrolle durch Ölmanometer.

Ölmulde, abnehmbar. Hierdurch leichte Reinigung, rasches Auswechseln der Kurbelwellen-Lager-Schalen, Pleuelstangen und Kolben möglich. Schnelle Kontrollen aller Teile und der Zylinder-Laufbahnen.

Ölreinigung. Selbsttätige Reinigung des Schmieröls durch Spaltfilter.

Kühlung. Groß bemessener Lamellenkühler, Kühlwasserumlauf durch Flügelpumpe. Achtflügel-Ventilator.

Elektrische Anlage. Bosch-Anlasser. Zwei Batterien. Bosch-Lichtmaschine.

Glühkerzen. Bosch.

Kupplung. Einscheiben-Trockenkupplung bewährter Bauart. Elastisch. Fast kein Verschleiß. Keine Wartung. Stoßfreies Anfahren.

Getriebe. Überdimensioniertes Getriebe. Größte Sicherheit gegen Bruch und Verschleiß.

Gänge. Ausführung A: 3 Vorwärtsgänge, 1 Rückwärtsgang, Automobil-Kugelschaltung. Für Führerschein IV.
Ausführung B: 4 Vorwärtsgänge, 1 Rückwärtsgang, Automobil-Kugelschaltung. Für Führerschein II.

Geschwindigkeiten. Ausführung A: 13 km/Std. Höchstgeschwindigkeit. 1. Gang 4,2 km/Std., 2. Gang 6 km/Std., 3. Gang 13 km/Std., Rückwärtsgang 3,6 km/Std.
Ausführung B: 24 km/Std. Höchstgeschwindigkeit, 1. Gang 4,2 km/Std., 2. Gang 6 km/Std., 3. Gang 13 km/Std., 4. Gang 24 km/Std., Rückwärtsgang 3,6 km/Std.

Fahrgestell

Rahmen. Kräftiger U-Profil-Rahmen, verwindungsfrei, durch Quertraversen gut versteift.

Schmierung. Fettpresse.

Antrieb. Kardanwelle.

Lenkung. Linksliegende Schneckenlenkung. Großes Steuerrad. Leichte Handhabung.

Federung. Vorn: Schwingachse mit Querfeder.

Hinterachse. Geräuschloser Schneckenantrieb, Differential mit Selbstsperrung, dadurch Vermeidung jeglichen Radschlupfes. Bruchsicher auch bei Überbelastung.

Bremsen. Hydraulische Innenbacken-Vierradbremse, als Fußbremse ausgebildet. Absoluter Bremsausgleich. Große, breite Bremstrommeln. Handbremse mit mechanischer Übertragung auf die Hinterräder.

Räder. Starke, leicht auswechselbare Vollscheibenräder. Bereifung vorn und hinten 6,50—20 extra.

Radschutz. Kotflügel für Vorder- und Hinterräder.

Anhänge-Vorrichtung für Straße und Acker.

Auf Wunsch liefern wir mit gegen Mehrpreis:

Beleuchtung. Zwei Scheinwerfer mit Bilux-Lampe.
Gepolsterter Doppelsitz.
Ballastgewichte.
Bereifung:
Für vorwiegenden Straßenzug und zeitweise leichtere Ackerarbeit ist die Bereifung 6,50—20 zu empfehlen. Für überwiegende Ackerarbeit sind die Hinterräder mit der Bereifung 8,00—20 Traktor (Mehrpreis) auszustatten.
Luftdruckprüfer.
Luftpumpe.

Kühlerschutzhaube.
Spill. Zugkraft des Spills 3500 kg
Riemenscheiben- und Zapfwellenantrieb.
Riemenscheibenleistg. etwa 17 PS
Drehzahl d. Scheibe 750 i. M.
Riemenscheibendurchm. 300 mm
Riemenscheibenbreite 140 mm
Zapfwellenleistung etwa 17 PS
Drehzahl d. Zapfw. 550 i. M.
Sternförmiger Querschnitt der Zapfwelle 35 mm Außendurchm.
6 Keile 8 mm breit

Hauptabmessungen

Spurweite	1350 mm
Gesamtbreite	1635 mm
Radstand	1935 mm
Achsdruck vorn	ca. 580 kg
Achsdruck hinten norm.	ca. 1000 kg
Achsdruck hinten max.	ca. 1300 kg

Brennstofftank. Inhalt ca. 35 Liter.

Armaturenbrett. Öl-Manometer (indirekt beleuchtet). Kontrollampe für Glühkerzen. Brennstoffuhr. Kilometerzähler.

Signale. Elektr. Horn. Betätigungsknopf auf dem Lenkrad. Elektr. Stoppzeichen in Verbindung mit der Fußbremse.

Brennstoffverbrauch etwa 220 g je PS/Std.

Schmierölverbrauch etwa 0,25 kg je Arbeitstag.

Zugleistung auf guter ebener Straße

bei Höchstgeschwindigkeiten

bis 13 km/Std. brutto	10 t
bis 24 km/Std. brutto	6 t

Zugleistung auf dem Acker

1 Schar bis 30 cm tief, Arbeitsbreite etwa 30 cm.
2 Scharen 20—23 cm tief, Arbeitsbreite etwa 48 cm bei trockenem mittelschweren Boden, etwa 50 cm bei trockenem leichteren Boden.

HANOMAG · HANNOVER

Generalvertretung:

HANOMAG
HANOMAG
HANOMAG
RADSCHLEPPER R 25
4-Zylinder · [redacted] 25 PS · 5-Ganggetriebe · Einzelradabbremsung · Größte Zugkraft am Haken · Mehrfache Spurverstellbarkeit · Halbrahmen für Hackgeräte · Besonders hohe Bodenfreiheit · Riementrieb · Zapfwelle · Auf Wunsch Mähbalken, Verdeck, Kraftheber, Polstersitz, Anbaugeräte usw.
RADSCHLEPPER R 40
4-Zylinder · 40 PS · 5-Ganggetriebe · Differentialsperre · Kleiner Wenderadius · Geringer Bodendruck · Zapfwelle · Auf Wunsch Riementrieb, Seilwinde, Verdeck usw.
KETTENSCHLEPPER KV 50
4-Zylinder · 50 PS · Hohe Zughakenleistung · Günstige Gewichtsverteilung Leichtes Lenken durch HANOMAG-Lenkgetriebe · Wendet fast auf der Stelle · Bodendruck nur 1/5 eines Pferdehufes · Zapfwelle Auf Wunsch Riementrieb, Seilwinde, breite Bodenplatten usw.
Spezial-Prospekte für die einzelnen Typen auf Anforderung
HANOMAG
JADDATZ

KLEINZUGWAGEN ST 20
4-Zylinder • 20 PS • 4-Ganggetriebe • Formschönes Ganzstahl-
Fahrerhaus 2-3sitzig • Elektrischer Anlasser • Ein-Druck-Zentral-
schmierung • Kurzwendig • Zugleistung 12 t im 3. Gang
STRASSENSCHLEPPER R 40
4-Zylinder • 40 PS • 5-Ganggetriebe für 20 oder 25 km/Std.
Offenes oder geschlossenes Fahrerhaus • Auf Wunsch
Druckluftbremse, Seilwinde, Polstersitze usw.
HANOMAG
SCHNELLTRANSPORTER STA 100
mit verlängertem Chassis • Vorgesehen für Pritschenaufbau, Kipp-
einrichtung, Aufsattelvorrichtung oder Drehschemel für Langholz
6-Zylinder • 100 PS • 5-Ganggetriebe • 5. Gang 58 km/Std.
Fahrerhaus 3sitzig • Transportleistung bei 40 bis 45 km/Std. 20 t
Auf Wunsch Seilwinde usw.
UNSERE LASTANHÄNGER
5- und 8-t-Pritsche • 8-t-Kipper • 8 t für Langmaterial
HANOMAG
Prospekt Nr. 122
HANOMAG • HANNOVER

Der neue Holder

12 PS

Holder Cultitrac A 12
12 PS Allradschlepper
jetzt mit 9-Ganggetriebe
mit Kriechgang,
Knicksteuerung DBP.,
Allradantrieb, Allradbremsen.
Serienmäßige Blockhydraulik,
luftgekühlter 12 PS Diesel-Motor,
eigene Anbaugerätereihe.

DM 6290.-

mit Bereifung 5.00 - 16 AS

Ein Holder geht durch dick und dünn!

Holder-Cultitrac A 12
mit 9-Gang-Getriebe

Technisches, das Sie interessiert:

Bauart: Niedere, schmale Blockkonstruktion mit Knicksteuerung und Allradantrieb.

Motor: Startfreudiger 12 PS Sachs-Dieselmotor, luftgekühlt mit Axialgebläse. Ventilloser Zweitakter, Kurbelwelle auf Rollenlagern, automatischer Drehzahlregler, Bosch-Einspritzanlage, Frischöl-Schmierung über Bosch-Duplex-Ölschmierpumpe mit mechanischer Ölrückförderung. Sehr sparsam im Verbrauch, kein Motor-Ölwechsel erforderlich, keine Schmieröl-Verdünnung, daher geringer Verschleiß und höchste Lebensdauer des Motors.

Tankinhalt: Kraftstofftank 12 Ltr., Öltank 2 Ltr.

Filter: Wirbelölbad-Luftfilter / Micronic-Kraftstoffilter.

Kupplung: F & S - Einscheiben-Trockenkupplung.

Getriebe: 6 Vorwärts- und 3 Rückwärtsgänge, spiralverzahnte Kegelräder, Allradantrieb über 2 Stirnraddifferentiale, Differentialsperre, Vollölbad.

Fahrgeschwindigkeiten: In der Stunde mit Bereifung 5.00–16 AS

vorwärts:	1. Gang, zugleich Kriechgang	0,5 – 1,2 km
	2. Gang	2,0 km
	3. Gang	3,5 km
	4. Gang	4,9 km
	5. Gang	7,8 km
	6. Gang	14,0 km
rückwärts:	1. Gang, zugleich Kriechgang	0,5 – 1,2 km
	2. Gang	2,0 km
	3. Gang	3,5 km

Zapfwelle: Schaltbar auf 560 U/min. und 920 U/min.

Lenkung: Allradlenkung durch Knicksteuerung (DBP) mit selbstsperrender ZF-Lenkung, kleinster Wenderadius ca. 1,5 m. Unübertreffliche Lenksicherheit.

Allrad-Bremsen:

Fußbremse: Innenbackenbremse mit Bremsausgleich auf Hinterräder wirkend.

Handbremse: Moderne Innenbacken-Stockbremse mit Bremsausgleich auf Vorderräder wirkend.

Spurweiten verstellbar:

Spurweite I:	630 mm	größte Breite:	750 mm
Spurweite II:	740 mm	größte Breite:	860 mm
Spurweite III:	850 mm	größte Breite:	970 mm

Bereifung: vorne und hinten 5.00 – 16 oder 5.50 – 16 mit Ackerstollen-Spezialprofil.

Maße:

Länge	2190 mm
Höhe über Lenkrad	1125 mm
Bodenfreiheit vorne und hinten	240 mm

Gewicht: ca. 810 kg.

Zugleistung: Bei voller Reifenauslastung ca. 4,5 to auf ebener Straße.

Hydraulik: Serienmäßige Block-Hydraulik, bestehend aus: Hydraulik-Pumpe, Steuergerät, Arbeitszylinder, Ölbehälter mit Einbaufilter, Hubwelle und Leitungen. Modernste staub- und wasserdichte Anordnung.

Elektrische Ausrüstung: Elektrischer Bosch-Anlasser, Lichtmaschine 75 Watt, 12 Volt-Batterie 56 Ah, 2 Scheinwerfer mit Fahr- und Standlicht, 2 Schlußleuchten, Signalhorn, Schaltkasten, Vorglüheinrichtung, Steckdose für Anhänger-Beleuchtung.

Anbaugeräte: Umfangreiche, eigene Anbaugerätereihe nach dem bewährten Holder-System für alle Reihenkulturen und für die Landwirtschaft. Einzelheiten können Sie aus der Preisliste entnehmen.

Konstruktive Änderungen vorbehalten.

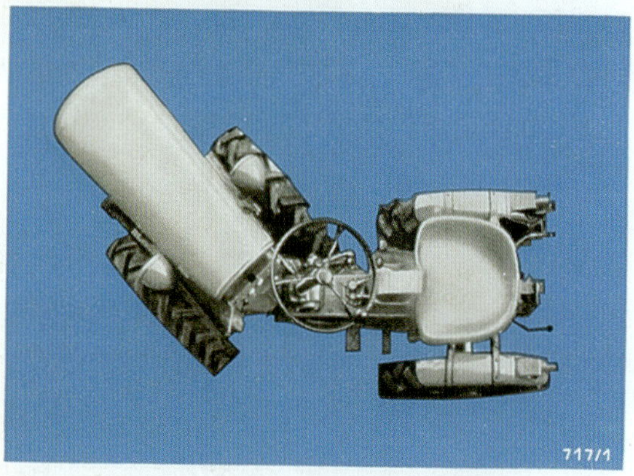

In Reihenkulturen übertrifft er alle Erwartungen

Tausende von Betrieben im In- und Ausland arbeiten seit Jahren mit dem Holder-Allradschlepper Cultitrac A 12. Seine Leistungen bei der Bodenbearbeitung und Schädlingsbekämpfung im Weinbau, Hopfenbau, in Obstplantagen, Baumschulen, Sonderkulturen und in Gemischtbetrieben übertreffen alle Erwartungen.

Seine entscheidenden Vorteile sind: Echter Allradschlepper mit 4 gleichgroßen Rädern und gleichmäßiger Gewichtsverteilung, daher hohe Zugleistung selbst bei schwierigen Bodenverhältnissen. Durch Knicksteuerung (DBP) außerordentliche Wendigkeit und unübertreffliche Lenksicherheit in den Kulturen und auf der Straße. Niedere, schmale Bauweise. Tiefer Schwerpunkt, deshalb Sicherheit am Hang. Geländegängig durch Verwindungsmöglichkeit des vorderen und hinteren Fahrzeugteiles. 9-Gang-Getriebe mit 2 Differentialen und Fräsgang für rotierende Bodenbearbeitung. Serienmäßige Blockhydraulik. Einmann-Bedienung mit kurzen Rüstzeiten durch Anbaugerätereihe nach dem Holder-System. Jahrzehntelange Erfahrungen, enge Verbundenheit mit der Praxis und ausgereifte Technik machen diesen Holder-Schlepper zu einem Spitzen-Erzeugnis seiner Klasse. Nicht umsonst sagt man landauf, landab: Ein Holder geht durch dick und dünn!

HOLDER GMBH. GRUNBACH · MASCHINENFABRIK · GRUNBACH BEI STUTTGART

Stammwerk gegründet 1888

10. MAI 1958
M · U · L · A · G
DIESEL 12, 15 und 22 PS
luftgekühlt
M-5
MULAG
MULAG
Das Motor-, Universal-, Lasten-, Arbeits-Gerät
für Landwirtschaft, Handel, Handwerk, Industrie und Kommunalbetriebe
VERTRETER:
HUBER & WÖSSNER OHG. · FAHRZEUGBAU · BAD PETERSTAL · TEL. 252

MULAG

in Grundausrüstung ohne Fahrerhaus und ohne Türen

Diese Ausführung eignet sich besonders für Arbeiten, bei denen der Fahrer öfters aus- und einsteigen muß. Jedes Fahrzeug ist grundsätzlich mit abnehmbarer Kippbrücke ausgerüstet. Die mit Kunstleder überzogenen Polstersitze, mit durchgehender Rükkenlehne, in Verbindung mit der durch Schraubenfedern abgestützten Vorderachse ergeben ein bequemes und sicheres Fahren.

MULAG

mit angebautem Schnee-, Keil- oder Räumpflug.

Immer ist der MULAG ein unentbehrlicher Helfer im Winterdienst. Durch seine verblüffende Wendigkeit und Bodenhaftung bei beladener Pritsche kann er auch da eingesetzt werden, wo ein normaler Schneepflug nicht mehr durchkommt.

Nach Abnahme des Räumschildes kann mit wenigen Handgriffen ein rotierender Straßenkehrbesen angebaut werden und bildet sodann mit einem auf der Ladepritsche aufgesetzten Wasserbehälter eine vollwertige Straßenkehrmaschine.

Die eingebaute Seilwinde mit Vierseitenzug eignet sich besonders gut für den Kanalreinigungsdienst. Auch im Kanalpflegedienst ist der MULAG ein vielseitiger Helfer, da sämtliche Geräte auf der Ladepritsche mitgeführt werden können und durch eine eingebaute Seilwinde mit Vierseitenzug-Einrichtung ein einwandfreies Arbeiten bei der Kanalreinigung gewährleistet.

MULAG

als Geräteträger u

Einfach und schn
beitsgeräte. Nach
in zwei Lagerbolz
Geräte für Drei- oc
Handgriffen an- c
für sämtliche Anbc
bleiben, wodurch
höht wird. Die gu
dienung vom Fah
mit dem MULAG

MULAG

mit komplettem Fahrerhaus und kippbarer Ladepritsche.

In dieser Ausführung ist der MULAG ein vollwertiger Transporter und trotzdem Zugmaschine. Die Ausrüstung des M 5 mit Schnellgang, wobei mit 8 Vorwärtsgängen 30 km erreicht werden, erschließt fast unbegrenzte Verwendungsmöglichkeiten. Der Fahrer sitzt bequem im geschlossenen Fahrersitz und ist geschützt gegen jede Witterung.

MULAG

mit Seitenmähwerk.

Die gute Übersicht vom Fahrersitz aus ermöglicht ein schnelles und sauberes Mähen in jedem Gelände.

Durch Anbringung einer Getreideablage am Mähbalken kann ohne weiteres jedes Getreide gemäht werden. Durch das leichte Eigengewicht entsteht auch gerade beim Getreidemähen fast kein Bodendruck, so daß auch im sumpfigen und weichen Gelände ein Arbeiten ohne weiteres möglich ist.

Durch die praktische Konstruktion des Mähwerkes kann auch jeder Grasrain und Hang gemäht werden. Das Heben oder Senken des Mähwerkes erfolgt in jedem Falle mittels Hand- oder Motorhydraulik.

hine.

e Montage der Ar-
r Ladepritsche, die
t ist, sind sämtliche
draulik mit wenigen
t. Beim D 22 kann
adepritsche montiert
vicht wesentlich er-
d die einfache Be-
achen das Arbeiten

Rationell arbeiten = Geld sparen mit dem **MULAG** *durch seine besonderen Vorteile*

- Bequemes Fahren und absolut kein Rutschen mehr bei beladener Ladepritsche, auch an Steilhängen bis zu 40 % Steigung, an denen kein normaler Schlepper mehr fahren kann.
- Die Eigenbeladung auf dem Fahrzeug, wodurch größtenteils ein Anhänger eingespart wird.
- Die enorme Zugleistung an der Anhängekupplung bei belasteter Ladepritsche, die von einem vergleichbaren Schlepper nicht erreicht werden kann.
- Die Fahrzeug-Kombination von-Schlepper, Transporter, Geräteträger bei geringen Anschaffungskosten.
- Der schnelle und einfache Anbau fast sämtlicher handelsüblichen Anbaugeräte, wie Pflüge, Eggen, Grubber, Mähwerk, Dungstreuer, Seilwinden, Baumspritzen, Schneepflüge und andere Geräte.
- Die universelle Verwendung des MULAG in der Landwirtschaft, Handel, Handwerk, Industrie und Kommunalbetriebe.
- Durch Einbau eines Vorschaltgetriebes wird der MULAG zu einer idealen Straßenzugmaschine mit 30 km Geschwindigkeit pro Stunde.

Grundausrüstung: M 4 und M 5: kompl. fahrbereit mit Ladepritsche, elektr. Anlasser, Lichtanlage, Stoßstange, Anhängekupplung, ohne Verdeck und ohne Stahlblechtüren.
D 22: Elektr. Anlasser, Lichtanlage, Stoßstange, Anhängekupplung, Allradöldruckbremsen, Verdeck u. Türen.

Zusatzausrüstungen: Motorhydraulischer Kipper, motorhydraulischer Kraftheber, hydraulischer Handkraftheber, Seitenmähwerk links, Riemenscheibenantrieb, Seilwinde, Dreipunktgestänge, Ackerschiene, kompl. Fahrerhaus und Stahlblechtüren, Stopplichtanlage, Glühflanschen für Kaltstart (M-5), Vorschaltgetriebe (Schnellgang für M-5), Blechbeschlag für Ladepritsche, Bereifung: 8–24, 9–24, Pflüge, Eggen, Vielfachgeräte, Grubber, Schneepflug, Baumspritzanlage u. a. Geräte.

TECHNISCHE DATEN

	MULAG-4 12 PS	**MULAG-5 15 PS**	**MULAG-D 22 22 PS**
Motor:	luftgekühlter JLO-Diesel-Motor, 1 Zyl. – 2-Takt, 12 PS bei 2000 U/min.	luftgekühlter, MWM Boxer-Diesel-Motor, 2 Zyl. – 4-Takt, 15 PS bei 3000 U/min.	luftgekühlter Austro-Diesel-V-Motor, 2 Zyl. – 4 Takt 22 PS bei 3000 U/min.
Getriebe:	im Ölbad laufendes Zahnradgetriebe, Zapfwelle gangunabhängig, 4 Vorwärtsgänge und 1 Rückwärtsgang	im Ölbad laufendes Zahnradgetriebe, Zapfwelle gangunabhängig, 4 Vorwärtsgänge und 1 Rückwärtsgang auf Sonderwunsch Vorschaltgetriebe als Schnellgang (M 5s)	im Ölbad laufendes Zahnradgetriebe, Zapfwelle mit 2 Geschwindigkeiten, gangunabhängig und gangabhängig, 6 Vorwärtsgänge u. 1 Rückwärtsgang, Differentialsperre

Geschwindigkeiten:

	MULAG-4	MULAG-5 normal	MULAG-5 mit Vorschaltgetr.	MULAG-D 22 Ausführung A	MULAG-D 22 Ausführung B
1. Gang	2,7 km/h	2,5 km/h	4,0 km/h	1,59 km/h	2,3 km/h
2. Gang	5,3 km/h	4,9 km/h	7,8 km/h	3,44 km/h	5,0 km/h
3. Gang	9,1 km/h	8,4 km/h	13,3 km/h	4,94 km/h	7,2 km/h
4. Gang	19,7 km/h	18,2 km/h	28,6 km/h	6,97 km/h	10,1 km/h
5. Gang				11,75 km/h	17,1 km/h
6. Gang				19,50 km/h	28,5 km/h
R. Gang	2,7 km/h	2,5 km/h	4,0 km/h	4,94 km/h	7,2 km/h

Drehzahlen:

	MULAG-4	MULAG-5 mit Vorschaltgetr.	MULAG-5 ohne Vorschaltgetr.	MULAG-D 22
Zapfwelle	570 U/min.	990 U/min.	627 U/min.	567 U/min.
Mähantrieb	1032 U/min.	1985 U/min.	1255 U/min.	
Riemenscheibe	1680 U/min.	2270 U/min.	1460 U/min.	

	MULAG-4	MULAG-5	MULAG-D 22
Mähantrieb: **Riemenscheibe:**			auf Wunsch anzubringen n = 1060 U/min. und 1488 U/min.
Bremsen:	Fußbremse auf Hinterräder wirkend, Einzelradbremse als Lenkbremse, Feststellbremse auf Hinterräder wirkend auf Wunsch Allradöldruckbremse	Fußbremse auf Hinterräder wirkend, Einzelradbremse als Lenkbremse, Feststellbremse auf Hinterräder wirkend auf Wunsch Allradöldruckbremse	Betriebsbremse Allrad-Öldruckbremsen, Lenkbremse, feststellbare Handhebelbremse auf Hinterräder wirkend
Federung:	Vorderachse durch Schraubenfederung abgefedert	Vorderachse durch Schraubenfederung abgefedert	Vorderachse Portalfederung
Radstand:	1500 mm	1500 mm	1565 mm, verstellbar auf 1850 mm
Spurweite:	1250 mm	1250 mm	1250 mm – 1498 mm
Elektr. Ausrüstung:	12 V Licht-, Signal- und Anlasseranlage, 56 Ah-Batterie	12 V Licht-, Signal- und Anlasseranlage, 70 Ah-Batterie	12 V Licht-, Signal- und Anlasseranlage, 70 Ah-Batterie
Kraftstoffverbrauch:	1,2–1,5 Ltr. pro Stunde	1,4–1,8 Ltr. pro Stunde	1,6–2 Ltr. pro Stunde
Tankinhalt:	ca. 13 Liter Kraftstoff und 2 Liter Frischöl	14 Liter Kraftstoff	35 Ltr. Kraftstoff
Ladepritsche:	Kipp- und abnehmbar Länge 2060 mm i. L. Breite 1380 mm i. L. Höhe 250 mm i. L.	Kipp- und abnehmbar Länge 2060 mm i. L. Breite 1380 mm i. L. Höhe 250 mm i. L.	Kipp- und abnehmbar Länge 2100 mm i. L. Breite 1440 mm i. L. Höhe 250 mm i. L.
Bereifung:	vorn: 5,00–16 AS Front hinten: 7,50–18 eAS Spezial	vorn: 5,00–16 AS Front hinten: 7,50–18 eAS Spezial oder: vorn: 5,00–16 AS Front hinten: 8,00–24 AS	vorn: 5,50–16 AS Front hinten: 8,00–24 AS oder 9–24 AS
Leergewicht:	950 kg	1025 kg	1215 kg
Nutzlast:	800 kg	925 kg	1075 kg

Konstruktionsänderungen vorbehalten!

INTERNATIONAL HARVESTER
FARMALL DIESEL
McCORMICK
FARMALL
DIESEL • 25 PS
THOMAS

Der in den Neußer IH-Werken entwickelte kraftvolle Vierzylinder-Dieselmotor sichert Spitzenleistungen

Was spricht für diesen Schlepper?

IH-Vierzylinder-Dieselmotor gibt dem Schlepper ruhigen Lauf und beim Antrieb stationärer Maschinen besonders ruhigen Stand. Daher Schonung von Motor und Getriebe. Der Fahrer leidet nicht unter Erschütterungen und ermüdet weniger.

IH-Wirbelvorkammerprinzip sichert günstigsten Brennstoffverbrauch.

Bosch-Brennstoff-Einspritzpumpe garantiert höchste Präzision bei der Brennstoffzuführung.

Verstellregler mit Mehrmengeneinrichtung bewirkt gleichbleibende Drehzahl und leichtes Starten bei Kälte; er verhindert Abwürgen des Motors.

Thermostat hält günstigste Kühlwassertemperatur. **Auspuff** mit Schalldämpfer ist nach oben, unten, vorn und hinten **verstellbar.**

Getriebefußbremse wirkt gleichzeitig als Betriebs-, Lenk- und Feststellbremse. **Hand- und Fußgashebel** sind kombiniert.

Zu den Vorzügen der bewährten **FARMALL-Bauart** gehören: erstaunliche Zugkraft, geringer Flächendruck, hohe Bodenfreiheit, verstellbare Radspur, Wendigkeit.

McCORMICK FARMALL-Diesel DF - 25 PS

Technische Einzelheiten

Diesel-Motor: Vierzylinder-Reihenmotor, Viertakt, Wirbel-Vorkammer, hängende Ventile, fünffach gelagerte Kurbelwelle, Bosch-Einspritzpumpe, Zapfendüsen, Regulator mit Mehrmengeneinrichtung, Druckumlaufschmierung, Ölfilter, Luftfilter, Wasserumlaufkühlung mit Pumpe, Temperaturregelung durch Thermostat.

Bereifung:		
Vorderräder	5,00 x 16	5,00 x 16
Hinterräder	9,00 x 40	11,25 x 24
Fahrgeschwindigkeiten:		
4 Vorwärtsgänge km/Std.	4,11 - 5,40 - 6,96 - 16,51	3,76 - 4,95 - 6,38 - 15,15
1 Rückwärtsgang km/Std.	5,72	5,24
Zapfwelle:		
m. sep. Schalthebel	550 U/Min.	550 U/Min.
Radstand:	1990 mm	1990 mm
Wendekreis-Halbmesser:	3,25 m	3,25 m
Spurweite (verstellbar):	1250 - 1625 mm	1290 - 1585 mm
Bodenfreiheit:	420 mm	295 mm
Gewicht:	1700 kg	1680 kg
Länge:	3180 mm	3180 mm

Normalausrüstung: Zapfwelle, Getriebefußbremse (wirkend als Betriebs-, Lenk- und Feststellbremse), Fußgas- und Handgashebel kombiniert, Auspuff nach oben oder unten verstellbar, Schalldämpfer, 12 Volt-Lichtanlage mit abblendbarem Fernlicht, elektr. Signalhorn, Preßstoff-Lenkrad, verstellbarer Zugrahmen, Schutzbleche für Hinterräder, Werkzeug.

Sonderausrüstung: 12 Volt-Starteranlage, gefederter hinterer Zughaken, vorderer Zughaken, Riemenscheibe (310 x 160 mm, 800 U/Min.), Stahlrad-Ausrüstung.

INTERNATIONAL HARVESTER COMPANY M.B.H.

Berlin · Hamburg · München Neuß a. Rh.

R 91-H

Alle Angaben und Abbildungen sind unverbindlich.

Schon mehr als 10 Jahre befassen wir uns mit der Herstellung des

JRUS-Patent-Motormähers.

Während dieser Zeit wurde er so vervollständigt, daß er überall in der Landwirtschaft, auf Flugplätzen, Reichsautobahnen usw. große Verbreitung gefunden hat. Auch für leichte Zug- und Ackerarbeiten ist er verwendbar. Der eingebaute 6 PS-Motor kann außerdem zum Antrieb von stationären Maschinen Verwendung finden.

Der JRUS-Patent-Motormäher wurde von der Württ. Landesanstalt für landw. Maschinenwesen, Hohenheim, im Jahr 1933 geprüft und als einwandfrei bezeichnet. Der Prüfungsbericht und sonstige zahlreiche Gutachten stehen gerne zur Verfügung.

Auf vielseitigen Wunsch der Kundschaft haben wir uns entschlossen, für schwerere Arbeiten einen

Diesel-Schlepper

mit 16 PS. oder 18 PS.-Motor

auf den Markt zu bringen, der 2—4 Pferde voll ersetzt. Wie nachfolgende Abbildungen zeigen, können mit diesem Schlepper alle landwirtschaftlichen Arbeiten wie Mähen, Ziehen, Treiben, Pflügen ausgeführt werden, sowie alle Arbeiten für Gewerbe bei auffallend geringem Betriebsstoffverbrauch von ca. 20 Pfg. pro Stunde.

Wie unsere sonstigen bekannten

»JRUS«-Erzeugnisse

in aller Welt Eingang gefunden haben, so beweist die heutige Serien-Fabrikation in

JRUS-Diesel-Schleppern

daß auch diese ihren Siegeszug überall halten.

Besuchen Sie uns auf den Reichsnährstands-Ausstellungen

ist der

Jrus-Diesel-Schlepper

Mit 16 PS. oder 18 PS.-Dieselmotor

Verkaufsbüro:
Arthur Stephanus
Zittau i. Sa., Bahnhof-Str. 6.

Katalog DS. 20. II. 38.

JRUS-
Diesel-
Schlepper

In der Serien-Fabrikation

für
Landwirtschaft
und
Gewerbe

Mit
Dreipunkt-
Lagerung

Ueber Stock und Stein fahrend

Für alle Arbeiten
in Land- und
Forstwirtschaft
sowie Gewerbe
geeignet.

Geringe
Betriebskosten!

Beim Pflügen
für alle Bodenarten
mit
Anhänge-
oder Gelenk-
Wechsel - Pflug

JRUS-
Erzeugnisse

in aller Welt

Irus-Diesel-Schlepper Mod. DS in der Landwirtschaft

16 PS. oder 18 PS. mit Differential-Sperre versehen

Steuer- und Führerschein-frei / bis 16 km Geschwindigkeit

Mäht

Gras, Klee, Getreide usw.
bei großer Leistung

JRUS-Diesel-Schlepper beim Mähen

Treibt

Dreschmaschinen
Schrotmühlen
Obstmühlen
Kreissägen
Pumpen usw.
auch bei Dauerbetrieb

JRUS-Diesel-Schlepper treibt Dreschmaschine

Spart Arbeitskraft • Steigert den Ertrag, Macht Land frei, daher im Kampf um die Nahrungsfreiheit unentbehrlich

Zieht

Ernte- und Dungwagen,
außerdem Wieseneggen,
Heuwender usw., schwere
Lasten auf Straßen

JRUS-Diesel-Schlepper Mod. DS zieht und treibt Binder

Pflügt

alle Böden, ein- und
zweischarig, bei hoher
Leistung

JRUS-Diesel-Schlepper beim Tiefpflügen, zweischarig

Irus-Diesel-Schlepper Mod. DS

für Landwirtschaft und Gewerbe

16 PS. oder 18 PS. mit Differential-Sperre versehen
bis 16 km Geschwindigkeit

Steuer- und Führerschein-frei für die Landwirtschaft

Beschreibung:

Antriebsmotor: Liegender Viertakt-Einzylinder-Dieselmotor, robuste Bauart, unempfindlich im Betrieb, Verdampfungskühlung, Zentralschmierung, Umdrehungszahl regulierbar von 700 bis 1400 pro Minute.
Brennstoffverbrauch: Rohöl (billiges, zollbegünstigtes Gasöl) ca. 180 bis 220 g pro PS/Std., sowie 3—5 g Schmieröl.
Fahrgestell: Besonders kräftiger Rahmen aus Profilmaterial, daher erschütterungsfreies Fahren.
Getriebe: 4 Vorwärtsgänge mit Kugelschaltung und Rückwärtsgang.
Fahrgeschwindigkeiten: 2,9—5,2—8,9—16 km pro Stunde und 2,5 km Rückwärtsgang.
Gewicht: ca. 1500 bis 1600 kg.
Bereifung: Vorderräder-Luftreifen 5,00 x 16, Hinterräder-Geländeluftreifen 8,00 x 20.
Antriebsscheibe: ca. 230 mm Durchmesser und 220 mm breit.
Zapfwelle: 29 x 35 x 8,6 540 Umdrehungen pro Minute.
Abmessungen: ca. 2,70 m lang, 1,44 m breit, 1,27 m hoch.
Größte Länge mit Anhängeschienen ca. 2,80 m. Achsabstand 1,80 m, Spurweite 1,23 m, Wenderadius ca. 2,30 m, Bodenfreiheit 270 bzw. 350 mm. Höhe der beiden Anhänge-Vorrichtungen über dem Boden; für Ackergeräte ca. 380 mm, für Wagen 500 mm.

Leistungen pro Stunde:

Auf der Wiese: Beim Grasmähen 2—3 Morgen
Getreidemähen mit Handablage 2—4 Morgen
mit Bindemäher 2—4 Morgen

Auf dem Acker: Tiefpflügen 1 Schar bis ½ Morgen
Saatpflügen 2 „ „ 1 „
Schälen 3—5 „ „ 2 „
Kultivieren 2—3, Eggen 4—5 Morgen

Die Leistungen verstehen sich pro Morgen = 33 Ar.

Auf der Straße: Zugkraft bis 250 Zentner auf fester, guter, ebener Straße
bei 15 km Geschwindigkeit 115 kg } Zughakenkraft
„ 2,9 „ „ 595 „ }

Als Antriebsmaschine: Für Dreschmaschine, Strohpresse, Schrotmühle, Holzsäge usw.

Verbrauch: Zu allen Arbeiten ca. 20 Pfg. pro Stunde.

Kelkel

TECHNISCHE DATEN:

Dauerleistung des Dieselmotors	PS	15
max. Drehzahl	U/m n.	1500
Zahl der Zylinder	Anzahl	1
Hubraum	ccm	1178
Kraftstoffbehälter	Ltr.	25
Verbrauch pro PS und Stunde	ca. Gramm	190
Zapfwelle motorgeschaltet	U/min.	540
Zapfwelle fahrtgeschaltet		
Mähantrieb mit Überlastungsschutz	fahrtgebunden	
Mähwerk, Balkenbreite 4,5 Fuß	mm	1440
Länge des Traktors	mm	2430
Breite des Traktors	mm	1400
Gesamthöhe mit aufgesessenem Fahrer	mm	1750
Radstand	mm	1575
Spurweite verstellbar	mm	1250 - 1500
Gewicht	kg	1300
Kl. Wendekreis mit Lenkbremse	mm	500
Bereifung vorn	Größe	5.00 x 16
Bereifung hinten	Größe	6.50 x 32
1. Gang	km/Std.	1,30
2. Gang	km/Std.	2,40
3. Gang	km/Std.	4,20
4. Gang	km/Std.	7,50
5. Gang	km/Std.	3,60
6. Gang	km/Std.	6,30
7. Gang	km/Std.	11,00
8. Gang	km/Std.	20,00
Rückwärtsgang I	km/Std.	3,00
Rückwärtsgang II	km/Std.	1,10
Kleinste Bodenfreiheit ohne Mähwerk	mm	400

PAUL SCHILDBACH, BIETIGHEIM - ENZ

Kelkel

Der Klein-Traktor

für den landwirtschaftlichen Familienbetrieb System »Gottfried Kelkel«
stellt sich vor als

Kelkel-Allweg

(Schutzrechte angemeldet)

GOTTFRIED KELKEL · FAHRZEUGFABRIK
TAMM (WÜRTT.) · TEL. LUDWIGSBURG 4058

Vertretung und
Kundendienst:

Durch diese Konstruktion endlich Vollmotorisierung der Landwirtschaft

Warum Einzylinder-Motor mit 15 PS Dauerleistung?

Weil sparsam im Verbrauch, wenig und einfachere Wartung und Reparaturen

Warum 8 Vorwärtsgänge, unterteilt in Kriech-, Arbeits- u. Schnellgänge?

Weil durch feine Abstufung der Geschwindigkeiten die wirtschaftlichste Ausnützung der Antriebskraft für die verschiedenen Arbeitsgeräte möglich ist.

1,30 km/Std. **Kleiner Kriechgang**
2,40 km/Std. **Großer Kriechgang** } dienen

1. zum langsamen Vorrollen mit Anhänger ohne aufgesessenen Fahrer, der statt dessen Heu, Garben, Rüben oder ähnliches sozusagen „am laufenden Band" aufladen kann.
2. für Pflanzmaschinen, die nur eine geringe Fahrtgeschwindigkeit zulassen.
3. zur Bearbeitung des Ackers mittels Bodenfräse bezw. rotierender Egge oder Hacke, die besonders für den „Kelkel-Allweg" herausgebracht werden. Hierdurch wird in einem Arbeitsgang einerseits die Spur des Traktors gelockert und andererseits über die ganze Breite des Traktors der Boden saatfertig aufbereitet. Es wird dadurch erstmalig möglich, mit einem Traktor die Frühjahrssaat bezw. den Zwischenfruchtanbau auch bei feuchten und druckempfindlichen Böden ohne Gespannzug vorzunehmen.

Die vielseitige Verwendung im Feldgemüsebau sowie bei Baumschul- und Obstbaubetrieben sei hier nur kurz erwähnt.

Arbeitsgänge

3,60 km/Std.
4,20 km/Std.
6,30 km/Std. } **Zwei- und Einscharpflüge in ebenem und bergigem Gelände,** sowie Hack- und Pflegearbeiten.
7,50 km/Std. **Mähgang**
11,00 km/Std. **Straßenlastgang**
20,00 km/Std. **Schnellgang**
3.00 km/Std. **Rückwärtsgang für normales Zurücksetzen**
1,10 km/Std. (Bei Leerlauf Drehzahl des Motors nur etwa 0,30 km/Std.) zentimeterweises, unfallsicheres Rückfahren und treffsicheres Einkuppeln der Arbeitsgeräte.

Warum Zapfwelle auf „Motor" und „Fahrt" schaltbar?

Weil die Zapfwelle vom Motor geschaltet mit 540 Umdrehungen allein nicht mehr den zeitgemäßen Ansprüchen genügt.

Weil die Zapfwelle auf „Fahrt" geschaltet dem „Kelkel-Allweg" völlig neue Einsatzmöglichkeiten zur Vollmotorisierung der Landwirtschaft erschließt.

1. Völlige Anpassung der Arbeitsgeräte an die Fahrtgeschwindigkeit.
2. Vierrad-Antrieb über alle Gänge schaltbar durch Ankuppeln eines Sonderanhängers System Gottfried Kelkel durch Achsantrieb.
3. Bei zapfwellangetriebenem Mähwerk ergibt die Messergeschwindigkeit ohne Rücksicht auf Gang oder Motordrehzahl zwangsläufig stets sauberen Schnitt. Durch Umschalten der Zapfwelle auf „Motor" reinigt sich das weiterlaufende Messer bei Stillstand des Traktors.

Warum Kraftheber zum Anschluß sämtlicher Arbeitsgeräte?

Weil der Kraftheber die zentrale Hub- und Einstellvorrichtung für sämtliche Arbeitsgeräte ist. Durch diesen Kraftheber werden die bei den sonst üblichen Anbaugeräten erforderlichen Aushebund Einstellvorrichtungen vollständig überflüssig. Die Anschaffung der Arbeitsgeräte wird um ca. 50% billiger. Andererseits kann der Fahrer ohne in Anspruchnahme einer zweiten Person die Arbeitsgeräte wie Pflug, Fräse bezw. rotierende Egge, Grubber, Kartoffelroder, Hack-, Häufel- und Vielfachgerät usw. auf dem Hof, sowie auf dem Acker teils vom Fahrersitz aus ohne jegliche fremde Hilfe an- und abkuppeln.

Ferner kann an den Kraftheber eine Ladepritsche von 1,5 m^2 Grundfläche und 400 kg Tragkraft eingehängt werden. Außerdem dient der Kraftheber beim Reifenwechsel zum Hochbocken der Hinterachse und zum Anheben eines Einachsanhängers beim Ankuppeln.

Damit ist die Verwendbarkeit des Krafthebers jedoch noch nicht erschöpft.

Weitere Vorteile des „KELKEL-ALLWEG" sind:

400 mm Bodenfreiheit, größte Höhe des Traktors mit aufgesessenem Fahrer nur 175 cm. Besonders hohe Reifen von 118 cm ergeben **gute Bodenhaftung,** besseres Aufnehmen von Geländeunebenheiten, schmale Reifenspur, dadurch **geringster Bodendruck.**

Äußerst schmaler Kühleraufbau, um dem Fahrer freie Sicht auf die beiden Vorderräder und zwischen diesen stehenden Kulturen ohne Körperanstrengung zu gewähren.

Nahezu 20-jährige Erfahrung im Traktorenbau schuf den Kelkel-Allweg

So arbeiten tausende „Kramer"-Schlepper:

Es ist heute keine Frage mehr: Was ist billiger: Gespannhaltung oder Schlepper?

Unbedingt der tausendfach bewährte, mit Rohöl angetriebene **Kramer-Diesel!** Der Kramer-Diesel ist schon billiger, weil er nur dann Unkosten verursacht, wenn er arbeitet, während jedes Gespann Tag für Tag gefüttert und gewartet werden muß, ganz gleich ob es arbeitet oder nicht. Außerdem stehen die geringen Betriebskosten dieses wirtschaftlichen Diesel-Kleinschleppers in gar keinem Verhältnis zu seinen großen Leistungen!

Der Schlepper mit den kleinsten Betriebs- und Wartungskosten!

Außer dieser großen Wirtschaftlichkeit bietet der **Kramer-Diesel** aber noch weitere unbestrittene Vorteile:

1. **Einen tausendfach bewährten, zuverlässigen Motor mit kleinstem Brennstoffverbrauch.**
2. **Leichtes Anspringen des Motors.**
3. **Unbedingte Geländesicherheit durch pendelnde Vorderräder und durch die erprobte Verteilung des Gewichts auf Vorder- und Hinterräder.**
4. **Große Betriebssicherheit durch elektrisch geschweißten Rahmen, Edelstahlgetriebe, Kugellager- und Ölbadschmierung.**
5. **Leichtes Auswechseln der Kupplung und Einzelteile.**
6. **Durch günstig gewählten Trieb bereits volle Kraftübertragung vom Motor auf die Hinterräder.**
7. **Riemenscheibe für stationären Antrieb direkt vom Motor.**
8. **Größte Bodenfreiheit.**
9. **Unbedingte Bodensicherheit durch die Differentialsperre, die es ermöglicht, beide Hinterräder miteinander anzutreiben, wenn das eine oder andere Hinterrad „mahlen" oder rutschen sollte.**
10. **Große Wendigkeit und Fahrsicherheit.**
11. **Zwei Anhängevorrichtungen für Wagen, wovon die eine für Einachser als Sattelschlepper, die andere für Vierradanhänger dient.**
12. **Die neuen Kotflügel sind ausgebildet als Mitfahrersitze für 4 Personen mit unfallsicherer Rückenlehne.**
13. **Leichte Bedienung. Zu jeder Arbeit verwendbar.**

Das alles bedeutet, daß jeder Junge und jedes Mädel den **Kramer-Diesel** ohne Vorkenntnisse bedienen kann.

Wenn zur Zeit der Saat oder Ernte jede Hand gebraucht wird, wenn es bei einem Witterungsumschlag auf jede Stunde ankommt, kann der **Kramer-Diesel** ohne Ruhepause Tag und Nacht benutzt werden! Er tut dann Stunde um Stunde seine Pflicht, ohne die geringste Spur von Überanstrengung zu zeigen.

Im Gegenteil — der **Kramer-Diesel** ist so robust gebaut, daß er ruhig einmal überlastet werden kann — ihm schadet es nichts! Er ist auch unempfindlich gegen Brennstoffwechsel und plötzliche Belastungs- und Drehzahländerungen oder Witterungseinflüsse!

So muß ein Kleinschlepper sein, wenn man mit ihm alle Arbeiten für wenig Geld bewältigen will!

Der **Kramer-Diesel** verursacht immer wenig Kosten bei großer Arbeitsleistung. Ob er für Gespannzwecke Verwendung findet, pflügt, schält, kultiviert oder eggt — ob er mäht oder die Dreschmaschine resp. die Holzsägen oder Schrotmühlen treibt — stets tut er seine Pflicht so unermüdlich, wie man es von einem vollkommenen Kleinschlepper verlangen kann. Darum wird man es den tausenden erfahrenen Bauern gleichtun, die den **Kramer-Diesel** verwenden, um die Unkosten des Hofes herabzusetzen, die Leistungen des Bodens zu erhöhen und die Rentabilität des Hofes zu gewährleisten.

Wählen Sie den tausendfach bewährten Kramer-Diesel-Kleinschlepper:
die Voraussetzung für eine rentable Landwirtschaft!

Druckerei F. Köhl, Donaueschingen

Technische Einzelheiten (K 12 11/12 PS)

Motor Viertakt-Einzylinder (liegende Bauart für robusten Betrieb) Verdampfungskühlung, Zentralschmierung, Tourenzahl 500--1500
Unterbau Kräftiger Rahmen a. Profilmaterial f. hohe Beanspruchung.
Getriebe 4 Vorwärtsgänge mit Kugelschaltung, Rückwärtsgang und Leerlauf.
Fahrgeschwindigkeit ca. 2,5 4,5 7,5 15 km pro Stunde.
Bremsen mechanisch, Fuß- und Handbremse.
Lenkung Zahnradlenkung, Wenderadius am inneren Rad ca. 1,5 m.
Kupplung Einscheibenkupplung im Ölbad.
Differentialsperre Betätigung durch Handhebel.
Gewicht etwa 1450 kg.
Zugkraft bis 150 Zentner auf fester, guter, ebener Straße.
Bereifung Luftreifen, vorn 5.25 — 16, hinten 8.00 — 20 Traktor-Riesenluftreifen.
Brennstoffverbrauch Rohöl (billiges, zollbegünstigtes Gasöl) 180 Gramm pro PS-Stunde und 3 Gramm Schmieröl.
Abmessungen 2,70 m lang, 1,45 m breit, 1,44 m hoch (Außenmaße) Spurweite 1,25 m, Radstand 1,80 m.
Messerbalken 4½ Fuß rechts schneidend.
Riemenscheibe 200 mm ∅.
Kraftabnahme an der Riemenscheibe 11 PS.
Bodenfreiheit Mitte etwa 225 mm, Seite etwa 300 mm.

✶

Technische Einzelheiten (K 18 20/22 PS)

Motor Viertakt-Einzylinder (liegende Bauart für robusten Betrieb) Verdampfungskühlung, Zentralschmierung, Tourenzahl 500--1500
Unterbau Kräftiger Rahmen a. Profilmaterial f. hohe Beanspruchung.
Getriebe 4 Vorwärtsgänge mit Kugelschaltung, Rückwärtsgang und Leerlauf.
Fahrgeschwindigkeit ca. 2,6 5 8 16 km pro Stunde.
Bremsen mechanisch, Fuß- und Handbremse.
Lenkung Zahnradlenkung, Wenderadius am inneren Rad ca. 1,5 m.
Kupplung Einscheibenkupplung im Ölbad.
Differentialsperre Betätigung durch Handhebel.
Gewicht etwa 1650 kg.
Zugkraft etwa 250 Zentner auf fester, guter, ebener Straße.
Bereifung Luftreifen, vorn 5.50—16, hinten 8.00—20 Traktor-Riesenluftreifen.
Brennstoffverbrauch Rohöl (billiges, zollbegünstigtes Gasöl) 180 Gramm pro PS-Stunde und 3 Gramm Schmieröl.
Abmessungen 2,82 m lang, 1,45 m breit, 1,44 m hoch (Außenmaße) Spurweite 1,25 m, Radstand 1,8 m.
Messerbalken 4½ Fuß rechts schneidend.
Riemenscheibe 200 mm ∅.
Kraftabnahme an der Riemenscheibe 20 PS.
Bodenfreiheit Mitte etwa 250 mm, Seite etwa 350 mm.

„Dieselzwerg"

DRGM 1 611 357

das kleinste Voll-Dieselfahrzeug — *Leistung:* 8 PS

die wendigste Dreirad-Ackermaschine — *Wenderadius:* 1,6 m

der leichteste Allesschaffer — *Eigengewicht:* 650 kg

der wirtschaftlichste Kleinschlepper — *Verbrauch:* 0,7 kg/Std.

Für den kleinen Landwirt das Universalfahrzeug

Für den Großbetrieb das gegebene Fahrzeug für Pflegearbeiten und zum Anmähen

Mit kleiner Ladepritsche

Ersatz für zwei mittlere Pferde

6 Vorwärts- und 2 Rückwärtsgänge — 3 bis 15 km/Std.

Abb. 1: „Dieselzwerg" mit Beetpflugwerk, Pflug rechts eingehängt

Beim „Dieselzwerg" ist an alles gedacht!

Endlich ist sie da . . . die leichte, wendige, selbstfahrende Vielzweck-Ackermaschine

der Dreirad-Kleinschlepper **„Dieselzwerg"** Kinderleicht zu bedienen

Ein Zwerg an Gestalt –

Schleppen	Vorder- oder Seitenmähwerk	Vielfachgerät	stationärer Betrieb
Pflügen	Beet- oder Wendepflugwerk	Ackerschiene	Schädlingsbekämpfung
Mähen	Baumspritzpumpe	Pflanzgerät	Pflegearbeiten
Eggen	Seilwinde	Kartoffel-Legegerät	Lastentransport
Brennholzsägen usw.	Melkeinrichtung usw.	Hackwalze	Weidebetrieb

Ein Riese an Leistung!

Weitere Anbaugeräte in Vorbereitung — Gerätewechsel in Minuten

Das Fahrzeug ist als Dreiradfahrzeug mit direkter Lenkung gebaut und besitzt einen

Voll-Dieselmotor von 8 PS und läuft 15 km/std

Das Getriebe besitzt 6 Vorwärts- und 2 Rückwärtsgänge, dadurch größte Anpassungsfähigkeit an Gelände oder Zugkraftbedarf. Es zieht auf der Ebene im großen Gang 60 und im Gebirge bei normaler Steigung ca. 20 Ztr. je nach Verhältnissen. Seine Wendigkeit ist durch die Dreirad-Anordnung, die direkte Lenkung und unabhängige Hinterrad-Abbremsung gewährleistet. Das Fahrzeug dreht auf der Stelle mit 1,6 m Radius. Wo das Gewicht unzureichend ist, belastet man die Pritsche entsprechend; somit ein besonders leichtes Fahrzeug, das je nach Erfordernissen beschwert werden kann. Der „DIESELZWERG" ist auch für Gewerbe und Industrie vielseitig verwendbar.

Voller Ersatz für zwei mittlere Pferde

Als Anhängevorrichtung besitzt es Zapfen **und** Kugel (50 mm ⌀). **Das Fahrzeug ist für die Land- und Forstwirtschaft steuerfrei.** Es ist bei Verwendung für die Landwirtschaft auch zulassungsfrei, d. h. es benötigt keine polizeilichen Kennzeichen, da es als landwirtschaftliches Sonderfahrzeug gilt. Es ist in der französischen Besatzungszone für den Zug eines 2-Achs-Anhängers Führerschein der Klasse 2 Z (20 km) erforderlich. Beim Anhängen eines Einachs-Anhängers genügt Führerschein Klasse 4.

Kurz gesagt: **Das ideale Universalfahrzeug für den Kleinbauern und für Pflegearbeiten in Großbetrieben**

Für Geradeausfahrt ist eine Arretierung des Lenkers möglich. Dies ersetzt bei Heu- oder Getreide-Aufladen oder beim Abladen von Dung eine Person.

Abb. 2:
Lenkerarretierung

Die kleine Ladepritsche von 60 × 115 cm für eine Zuladung von 300 kg oder für Mitfahrt von drei Personen dient auch als Träger für Aufbaugeräte und zur Aufnahme der Belastungsgewichte. Das herunter geklappte hintere Pritschenschild dient als Fußstütze.

Abb. 3:
Pritsche, Pritschenschild heruntergeklappt

Einige Beispiele von Anbaugeräten:

Abb 4: Vorderes Seitenmähwerk

Abb. 6: Zapfwelle, Keil- und Flachriemenscheibe und Ackerschiene

Abb. 8: „Dieselzwerg" mit Baumspritzpumpe

Abb. 5: „Dieselzwerg" mit Stoßstange

Abb. 7: „Dieselzwerg" mit Seilwinde

Abb. 9: „Dieselzwerg" mit Vielfachgerät

Technische Daten:

Dieselmotor: FAHRMANN 8 PS; 1500 U/min, Viertakt
Kühlung: Verdampfungskühlung
Brennstoff-Verbrauch: 0,6—1 kg/Std. je nach Belastung
Spurweite: 1,25 m (gegen Aufpreis verstellbar)
Radstand: 1,50 m
Bereifung: hinten 2×6,50—20 Ackerluftreifen
vorn 1×5,00—16 Spurreifen
Geringste Bodenfreiheit: 270 mm
Gewicht: ohne Anbaugeräte 650 kg
Zugkraft am Kupplungsbolzen: 600 kg
Fußbremsen: hydraulisch, für rechts und links unabhängig
Handbremse: Getriebebremse
Werkzeug: 1 kleiner Satz

Geschwindigkeiten des Fahrzeuges:

Straßengang:
1. Gang 5,5 km/Std.
2. Gang 9,8 km/Std.
3. Gang 14,8 km/Std.
Rückwärtsgang: 4,0 km/Std.

Geländegang:
1. Gang 2,95 km/Std.
2. Gang 5,25 km/Std.
3. Gang 7,90 km/Std.
Rückwärtsgang: 2,15 km/Std.

Elektr. Ausrüstung:

2 Scheinwerfer mit Standlichtern
2 Rücklichter
1 Horn
1 Lichtmaschine 75 Watt
1 Batterie 6 V 14 Ah
1 Steckdose für Anhängerbeleuchtung

Geschwindigkeiten der Zapfwelle:

linksdrehend: 545, 965, 1450 U/min
rechtsdrehend: 400 U/min

Änderungen vorbehalten!

Wie „Dieselzwerg"-Besitzer urteilen:

G., den 2. Juli 1950

Sehr geehrte Firma!

Ihrer Anfrage gemäß vom 20. Juni wie sich der „Dieselzwerg" schon bewährt hat und wie ich mit ihm zufrieden bin, will ich nun beantworten.

Ich kann Ihnen nur schreiben, daß er mich in jeglicher Hinsicht angenehm überrascht hat. Ich wüßte keinen Schlepper aufzuzählen, der die Vorzüge alle aufweist, wie sie der „Dieselzwerg" hat. So mancher Skeptiker müßte seine Bedenken aufgeben, weil ich ihn mit dem Schlepper eines andern belehrte, als er sich vorstellte, oder gar als Fachmann vertrat.

Da ich den ersten Kleinschlepper oder überhaupt einen Schlepper in meiner Ortschaft hatte, so war das Mißtrauen von vorn herein grenzenlos, auf welche erdenkliche Arten ist gar nicht zu schildern. Das ist aber nun längst beseitigt und hat sich nun zum großen Teil in „Neid" verwandelt. Nun gar, daß ein jeder sieht, wie ich stündlich und täglich mit dem kleinen, leichten und äußerst wendigen Fahrzeug mähe, ohne daß ein Anmähen erforderlich ist.

Ich will Ihnen nun kurz einige Daten angeben, was ich mit dem Schlepper schon für Leistungen erzielte bei geringstem Kraftstoffverbrauch. Das sind Leistungen, die tatsächlich mit keinem andern Gerät oder Schlepper so billig ausgeführt werden können.

Beim Mähen z. B.: 50—60 Ar Stundenleistung, Verbrauch 1—1,2 l Dieselkraftstoff und etwa für 2—3 Pf. Schmieröl (Motorenöl), kommen also die Unterhaltungskosten zwischen 25—30 Pf. pro Betriebsstunde beim Mähen.

Oder wenn beim Heueinfahren ich die Lenkung geradeaus einrichte, und feststelle mit dem dafür vorgesehenen Stecker, und den kleinsten Gang benütze, so zieht er mit Standgas den Wagen so langsam vorwärts beim Aufladen des Heues, daß man ohne Weiteres beim Gabeln und Nachrechen mitkommt, wo somit viel Zeit erspart wird.

Ebenso beim Mist ausfahren, d. h. beim Abladen desselben; nur muß man dann etwas Gas geben, um den Mehraufwand an Kraft zum Vorwärtsbewegen mit 30—40 Ztr. schwer beladenen Wagen am Acker, da es härter zu ziehen ist, zu rechtfertigen.

Unlängst z. B. fuhr ich nach Bad Peterstal in's Sägmehl holen; für die Strecke von 80 km hin und zurück, wo mitunter beträchtliche Steigungen vorkommen, Fahrzeit 5 Stunden, Verbrauch knapp 5 l. Ladung brutto 50 Ztr.

Überhaupt gibt es keine Arbeit, die sich nicht sicher und zuverlässig mit ihm durchführen läßt, ob in der Landwirtschaft gleich welcher Art, sonstige Fuhren im Walde, oder wie ich ihn noch benütze zum Antrieb der Kreissäge und Schrotmühle.

Unter anderem habe ich mit dem Anbaupflug das Stecken der Kartoffel durchgeführt, für mich wie für andere Betriebe und zwar zur vollen Zufriedenheit aller.

Ich will nun meine Ausführungen zum Schluß führen und grüße Sie bestens und wünsche Ihnen auch weiterhin guten Erfolg zu der Sache

hochachtungsvoll
H. K.

Werte Firma Kühner & Berger!

Mit dem von Ihnen im April d. J. bezogenen Kleinschlepper „Dieselzwerg" bin ich sehr zufrieden. Derselbe hat meine Erwartungen weit übertroffen.

Beim Dung und Jauche führen, sowie beim Holz und Heu holen, hat sich seine Zugkraft bei geringem Kraftstoffverbrauch erstaunlich bewiesen, ebenso beim Mähen mit angehängtem Gespannmäher.

Beim Heu holen habe ich eine 10 km lange Strecke mit zwei voll beladenen Heuwagen trotz einiger Steigungen glatt überwunden.

Als Ackermaschine beim Pflügen und Eggen, insbesondere auf Obstbaumgrundstücken, hat sich seine Leistung und Wendigkeit bestens bewährt.

Den „Dieselzwerg" möchte ich nicht mehr missen, weil er durch seine vielseitige und schnelle Verwendbarkeit gegenüber meinem früheren Gespann mir sehr viel Zeit erübrigt.

Ich kann ihn deshalb jedem Berufskollegen bestens empfehlen.

B., den 26. 6. 1950 — O. M., Landwirt

(Die Originalbriefe können jederzeit bei uns eingesehen werden.)

Hersteller:

KÜHNER & BERGER GMBH.

Telefon: Achern 238
Bahnstation: Achern

(17b) SASBACH bei Achern (Baden)

Vertretung:

Schweröl-Motor

BULLDOG

HEINRICH LANZ MANNHEIM

BULLDOG

der neue selbstfahrende Lanz **12 PS Schweröl-Motor**
für landwirtschaftliche und gewerbliche Zwecke.
Patente Dr.-Ing. *Huber*.

Das Streben des modernen Landwirts und Gewerbetreibenden ist auf die Erlangung einer Antriebsmaschine gerichtet, die seinen Betrieb wirtschaftlich gestaltet. Die an solche Maschinen gestellten Anforderungen sind:

Betriebssicherheit **Zuverlässigkeit** **Einfachste Bedienung**
Leichte Beweglichkeit **Kräftige Bauart** **Billige Anschaffung.**

Kleine Betriebskosten bei Verwendung von billigsten Inlands-Brennstoffen.
Keine empfindlichen Teile wie Magnet, Vergaser, Ventile, Kühler.

Alle diese Vorzüge sind in dem neuen Schweröl-Motor **BULLDOG** vereinigt.

BULLDOG

ist von **unübertroffener** Betriebssicherheit, Wirtschaftlichkeit und Verwendungsmöglichkeit.

HEINRICH LANZ MANNHEIM
Abt. D. Motorbau.

HEINRICH **LANZ** MANNHEIM

BULLDOG

treibt landwirtschaftliche oder gewerbliche Maschinen jeder Art an oder zieht sie mit eigener Kraft von und zu der Arbeitsstätte.

Seine Vorzüge:

Einfachste Konstruktion,

kräftige, haltbare Bauart, keine empfindlichen Teile wie Magnet, Vergaser, Ventile, Kühler usw.

Anspruchloseste Wartung.

Der Laie kann ohne besondere technische Vorbildung die Maschine bedienen. Eine Beaufsichtigung während des Betriebs ist nicht erforderlich.

Größte Betriebssicherheit,

weil die Maschine aus einfachsten Teilen besteht, deren Wirkungsweise jedermann ohne weiteres verständlich ist. Der Motor ist kein Schnellläufer; seine Umlaufzahl ist 420 in der Minute. Keine Explosionsgefahr.

Betriebsbereitschaft

innerhalb 2—3 Minuten bei leichtem Anspringen. Arbeitet sofort unter Vollast. Unbedingt sicherer Leerlauf.

Geringes Gewicht, gedrängte Form, geringer Raumbedarf.

Brennstoff-, Kühlwasser- und Schmierölbehälter

fassen Betriebsstoff für einen Tag.

Unübertroffene Wirtschaftlichkeit.

Verarbeitet billigste, ungefährliche, jederzeit leicht erhältliche Brennstoffe, wie: Braunkohlenteeröl, Rohöl, Gasöl, Naphta, Petroleum usw. bei vollkommener Verbrennung ohne Rauchentwicklung.

Brennstoffverbrauch

0.25 bis 0.30 kg pro PS/Std. je nach Güte des Brennstoffes. Aschehaltige Brennstoffe sind beim **BULLDOG** im Gegensatz zu anderen Motoren unschädlich. Die Asche sammelt sich restlos in einem Vorraum, der in wenigen Minuten gereinigt werden kann.

Die Maschine kann monatelang in Betrieb bleiben, ohne daß besondere Reinigungsarbeiten vorgenommen werden müssen, denn Zylinder und Kolben bleiben frei von Brennstoffrückständen.

Schmierölverbrauch

je nach Güte. Pro PS/Std. etwa 8 gr.
Die Schmierung erfolgt für jede einzelne Schmierstelle unter Druck und unbedingt zuverlässig.

Keine Wassereinspritzung.

Beschädigungen an Zylinder und Kolben werden daher vermieden.

Hohe Überlastungsfähigkeit.

Der Motor erträgt sehr starke Belastungsschwankungen, ersetzt größere, weniger elastische Maschinen und ist infolgedessen in der Anschaffung und im Betrieb wesentlich billiger als solche.

Das Fahrwerk.

Das Getriebe hat elastische Federung. Der Antrieb erfolgt mittels Differential auf beide Hinterräder und ist für Vor- und Rückwärtslauf eingerichtet.

Automobilsteuerung.

Ermöglicht mit Handrad und Schneckenübersetzung große Wendigkeit.

BULLDOG

zieht ein Gewicht von **5 Tonnen** auf guter Straße.

HEINRICH **LANZ** MANNHEIM

Abt. D. Motorbau.

„BULLDOG“ zieht einen Dreschsatz zur Arbeitsstätte.

„BULLDOG“ treibt eine Lanz-Schrotmühle.

„BULLDOG“ treibt eine Bandsäge.

„BULLDOG“ treibt eine provisorisch aufgestellte Dynamo.

„BULLDOG“ treibt einen Koksbrecher.

„BULLDOG“ treibt einen Steinbrecher.

BULLDOG

wird auch mit Gummibereifung geliefert.

BULLDOG

dient dem Antrieb von elektrischen Maschinen für die Erzeugung von Licht.

„BULLDOG“ zieht einen Steinbrecher.

BULLDOG

wird auch als ortfeste (stationäre) Maschine geliefert.

BULLDOG

erhielt 1921 die höchste Auszeichnung der D.L.G.
die große silberne Denkmünze.

LANZ-BULLDOG

Ackerluft-Bulldog / 6 Gänge

Typ	Fahrgeschwindigkeiten km/Std.	Gewicht kg ca.
15 PS	3,0 bis 18,0	1200

verstellbare Spurweite - große Bodenfreiheit ermöglicht Hackfruchtpflege

Acker-Bulldog / 3 Gänge

Typ	Fahrgeschwindigkeiten km/Std.	Gewicht kg ca.
20 PS	von 3,7 bis 6,9	2000
25 PS	von 3,1 bis 5,9	2200
35 PS	von 3,4 bis 6,1	3050
45 PS	von 3,5 bis 6,2	3300
55 PS	von 3,6 bis 6,3	3600

Allzweck-Bulldog, luftbereift / 6 Gänge

Typ	Fahrgeschwindigkeiten km/Std.	Gewicht kg ca.
25 PS	von 3,2 bis 17,7	2100

verstellbare Spurweite - große Bodenfreiheit ermöglicht Hackfruchtpflege

Ackerluft-Bulldog / 6 Gänge

Typ	Fahrgeschwindigkeiten km/Std.	Gewicht kg ca.
20 PS	von 3,6 bis 18,5	1900
25 PS	von 3,0 bis 15,1	2550
35 PS	von 3,5 bis 17,7	3550
45 PS	von 3,3 bis 16,7	3650
55 PS	von 3,6 bis 19,9	3950

Bulldog-Raupe / 6 Gänge

Typ	Fahrgeschwindigkeiten km/Std.	Gewicht kg ca.
55 PS	von 2,4 bis 7,7	5000

Eil-Bulldog / 5 Gänge

Typ	Fahrgeschwindigkeiten km/Std.	Gewicht kg ca.
55 PS	von 4,9 bis 32,8	4400

Die technischen Angaben und Abbildungen sind annähernd und unverbindlich

BW 3400 setir L/1005

HEINRICH **LANZ** MANNHEIM

Der LANZ-Bulldog-Motor eine Spitzenleistung der Motortechnik!

Über
75 000 LANZ-Bulldog
sind seit seinem Entstehen unter den verschiedenartigsten und schwierigsten Verhältnissen in aller Welt bereits
zum Einsatz gekommen.

LANZ

Der LANZ-Bulldog-Motor, ein Schweröl-Mitteldruckmotor, der den schwersten Anforderungen des Schlepperbetriebes gerecht werden muß, weist ein Höchstmaß an Betriebssicherheit und Wirtschaftlichkeit auf und stellt heute eine Spitzenleistung der Motortechnik überhaupt dar.

Mit seinem kompakten Aufbau, der verwindungsfreien, weil rahmenlosen in sich geschlossenen Bauart, seinem enormen Leistungsvermögen, ist der LANZ-Bulldog die wirklich robuste Zugmaschine, vielseitige Antriebsquelle und damit wertvolle Arbeitskraft für jeden landwirtschaftlichen Betrieb geworden.

Mit Recht gilt LANZ im Bau von Schwerölschleppern als der Pionier — und die 75000 bisher gelieferten LANZ-Bulldog sind die lebendigen Zeugen einer Leistungsfähigkeit, die planmäßig, sinnvoll und in richtiger Auswertung aller Erfahrungen von Jahr zu Jahr erfolgreich gesteigert wurde.

Der Schlepper von Weltruf!
Handbremse
Lichtschalter
Luftfilter
Hauptschalthebel
Stufen-Schalthebel
Batterie
Schmieröl-Behälter
Schmieröl-Feinfilter
Benzin-Behälter
Brennstoff-Behälter
Kühlwasserraum
Schallfänger
Kühlerelemente
Kupplungspedal
Werkzeugkasten
Gefederte Straßen-Anhängevorrichtung
Acker-Anhängevorrichtung
Brennstoffdüse
Zündkerze
Zylinderkopf
Sicherheits-Schraube
Zündkopf
Schmieröl-Vorfilter
Motorkolben
Vorderachse
Getriebe
Kurbelwelle
LANZ

25 PS
Eil-Bulldog

D 7539

Für
Schnelltransporte
und
mittlere Lasten

LANZ
25 PS Eil-Bulldog

D 7539

HEINRICH **LANZ** MANNHEIM
Aktiengesellschaft

D 7539

Vorzüge

in Konstruktion und Ausrüstung des 25 PS Sechsgang Eil-Bulldog D 7539

6 Fahrgeschwindigkeiten vorwärts, dadurch beste Anpassung an Steigungen und Belastungen.

Leichtes Kuppeln und schnelles Schalten durch Einhebelkupplung wie beim Automobil.

Große Wendigkeit in engen Straßen und auf kleinen Plätzen sehr vorteilhaft.

Sofortige Startbereitschaft durch elektrischen Anlasser.

Elektrische Beleuchtung.

Steuersäule seitlich, dadurch viel Platz für den Beifahrer.

Geräumiges Führerhaus, zweitürig, zweisitzig.

Angenehmer Sitz, Schwingfedersitzbank.

Windschutzscheibe mit elektrischem Tandem-Scheibenwischer.

Armaturenbrett mit Schaltkasten, Kilometerzähler, Winkerschalter, Kontrollampen usw.

Deckenbeleuchtung im Führerhaus.

Automobilartige Hebelanordnung, von links nach rechts in der Reihenfolge: Handbremse, Kupplungspedal, Steuersäule, Fußbremse, Gaspedal, Handgashebel.

Auspuff mit besonderer Geräuschdämpfung (Schallfänger).

Großer Brennstoffbehälter für 120 Liter Schweröl.

Schmierölersparnis durch automatische Regelung der Oelzufuhr.

Boschöler unter Schwungradschutz (links).

Praktische Unterbringung von Oel- und Benzinbehälter, Luftfilter, Zündspule und Sicherungsdose unter einer aufklappbaren Haube.

Autokotflügel.

Weiche Federung durch querliegende Halbelliptikfeder.

Automatische Anhängevorrichtung.

Technische Einzelheiten

Motor-Bauart: Liegender Einzylinder-Zweitakt-**Mitteldruckmotor** ohne Ventile, ohne Vergaser, mit **Frischöl-Umlaufschmierung** für den Motor und **Preßschmierung** aller übrigen Teile des Schleppers, Wasserumlaufkühlung mit auswechselbaren Elementen, Dreibacken-Kupplung, **Kugelschaltung** mit sicherer Verriegelung.

Höchstleistung über 1 Stunde	25 PS
Normale Dauerleistung	20 PS
Zylinderbohrung	170 mm
Kolbenhub	210 mm
Hubraum	4,7 Liter
Drehzahl	850 U/min.
Leerlauf-Drehzahl	300 U/min.

Brennstoff: Deutsches Gasöl, Braunkohlenteeröl, Gasöl, Dieselöl, Paraffinöl, Pflanzenöl usw.

Betriebsstoffbehälter-Inhalt:

Brennstoff	120 Liter
Schmieröl	7,5 Liter
Benzin	7,5 Liter
Kühlwasser	26 Liter

Verbrauch: Brennstoff etwa 240 g je PS/Std.
Schmieröl etwa 1,25 kg je Arbeitstag.

Bremsen: 1 Hinterradfußbremse, 1 Hand-Getriebebremse.

Riemenscheibe: wird nur auf besonderen Wunsch mitgeliefert, 540 mm ∅, 150 mm breit, rechtsseitig.

Bereifung: Luft, vorn 5,50—16, hinten 7,00—20.

Fahrgeschwindigkeiten:

	bei Luftbereifung 7,00—20 km/Std.
1. Gang	3,6
2. "	5,6
3. "	7,7
4. "	10,0
5. "	15,3
6. "	20,0
r. 1. "	5,6
r. 2. "	15,3

Maße und Gewichte

Größte Länge	3125 mm
Größte Breite	1750 mm
Größte Höhe	1950 mm
Achsabstand	1675 mm
Bodenfreiheit	180 mm
Spurweite von Radmitte zu Radmitte	
vorn	1606 mm
hinten	1550 mm
Anhängevorrichtung (über dem Boden)	730 mm
Wendekreishalbmesser	3,6 m
Hinterräder, wirksamer ∅ der Reifen	825 mm
" Breite der Reifen	175 mm
Vorderräder, wirksamer ∅ der Reifen	640 mm
" Breite der Reifen	118 mm
Gewicht, betriebsfertig Luftbereifung	etwa 2500 kg

Zugleistung

im 1. Gang auf ebener, guter, fester, trockener Straße

über 20 Tonnen

BT 3247/I
mayen

Abbildungen, Maße und Gewichte annähernd und unverbindlich.

Der neue **BAUERN SCHLEPPER**

22 PS

Modell 1939

Eine Spitzenleistung im Schlepperbau

Hoher Stand der Technik

Ackerschlepper-Fabrik *Hermann Lanz*

AULENDORF (Württ.)

3976

Der Vierjahresplan verlangt hohe Leistungen

Die im Rahmen des Vierjahresplanes geforderte Steigerung der landwirtschaftlichen Leistungsfähigkeit und der große Mangel an landwirtschaftl. Hilfskräften erfordert dringend den Einsatz von Ackerschleppern. Der Bauer erhielt durch die Gesetzgebung wieder eine feste, sichere Grundlage. Die Industrie hat die hohe Aufgabe, dem Bauern die nötigen Maschinen zu liefern. In Erfüllung dieser Pflicht ist der heutige Bauern-Diesel-Schlepper entstanden, welcher durch langjährige Erfahrungen u. infolge der großen Fortschritte der Technik eine hohe Qualität und eine sehr große Lebensdauer erreicht hat. Der heutige Ackerschlepper ist der wertvollste und überhaupt unentbehrliche Helfer des Bauern geworden.

Technische Daten:

Motor: Stehender Deutz-Zweizylinder-Spezial-Fahrzeugmotor, Viertakter, mit auswechselbaren Zylinderbüchsen und Druckumlaufschmierung — Kurbelwelle rollengelagert.

Zylinder: ∅ 100 mm **Hub:** 140, **Hubraum:** 2199 ccm

Motordrehzahl: 600–1500 Umdrehungen, regulierbar durch Moment-Drehzahl-Verstellung

Kühlung des Motors: Umlaufkühlung durch Wabenkühler, Ventilator und Umwälzpumpe

Lenkung: Kräftige, staub- und öldicht gekapselte, bequem nachstellbare Schneckenlenkung

Wechselgetriebe: Besonders schwere, eigene Spezial-Konstruktion mit spiralverzahnten Kegelrädern und Kugelschaltung

Kupplung: Einscheibentrockenkupplung. Keine Wartung

Fahrgeschwindigkeiten: 4 Vorwärtsgänge 3,7 – 6,1 – 10 und 19,4 km — 1 Rückwärtsgang 3,7 km

Bremsen: Doppelte Hinterrad-Innen-Backen-Fußbremse und feststellbare Getriebehandbremse

Bereifung: Vorne 5,25—16, hinten Niederdruck-Geländereifen 8,00–20 Spezial-Traktor, ab ca. 1. 10. 39 auch 9,00–24

Beleuchtung: Boschlicht und Boschhorn, 60 Watt Lichtmaschine, Akku-Batterie 50 Amp. Stunden, 6 Volt.

Spurweite: Verstellbar 1,28 u. 1,42 m **Radstand:** 1,75 m

Wenderadius: Außen 3,00 m

Länge: 2,56 m **Breite:** 1,50 m **Höhe:** 1,60 m wenn mit Mähapparat 1,65

Bodenfreiheit: Mitte 260 mm, neben den Rädern 360 mm

Anhängehöhen: Wagen 600 mm, Ackergeräte 350 mm, Steckbolzen 30 mm stark, Aufsattelpunkt 720 mm

Gewicht: Mit Mähwerk ca. 1500 kg, ohne Mähwerk ca. 1400 kg.

Riemenscheibe: In Fahrtrichtung, abstellbar, 240 mm × 150 mm, 1300 Umdrehungen p. Min., Drehrichtung im Uhrzeigersinn.

Zapfwelle: Abstellbar, 540 Umdrehungen pro Minute.

Differential-Sperre: Wenn der Boden glitschig ist, kann durch einfachen Handgriff das Differential gesperrt werden. Dadurch wird das einseitige Gleiten der Hinterräder vermieden. — Sehr wichtig!

Zugkraft am Haken: Auf ebenem, haftfähigem Gelände auf dem Acker 540 kg, auf der Straße 800 kg

Gezogene Last: 1. Gang: 22 to — 2. Gang: 15 to 3. Gang: 9 to — 4. Gang: 6 to auf ebener, trockener Straße, bei 10 % Steigung 5,5 to im 1. Gang

Tankinhalt: 38 Liter

Aufbau des Schleppers

Der zweckmäßigste **Zweizylinder-Volldiesel-motor** modernst. Konstruktion mit der vollkommensten Umlaufkühlung und Ventilator arbeitet weitaus am billigsten und ist mit dem Getriebe rahmenlos zu einem Block vereinigt.

Die Bodenunebenheiten werden durch die **pendelnde Vorderachse** mit großer Bodenfreiheit (350 mm) völlig ausgeglichen.

Die **großen Niederdruck-Luftreifen** erlauben eine geradezu enorme Kraftübertragung auf die Hinterräder und eine sehr große Leistung des Schleppers auf Acker, Wiese und Straße.

Der bequeme, gut gefederte **Polster-Sitz mit hoher Rückenlehne** verhindert eine Ermüdung des Fahrers.

Die **Lenkung mit kugelgelagertem, nachstellbarem Schneckengetriebe** erlaubt ein sehr leichtes Steuern bei kleinstem Wenderadius.

4 verschiedene Geräte- u. Wagen-Anhängeinrichtungen ermöglichen eine bequeme und leichte Anbringung von Geräten, Wagen u. auch von Sattelwagen.

Die **Riemenscheibe** ist links seitlich schön und in geschützter Lage abstellbar untergebracht.

Durch den **Klappdeckel auf der Motorhaube** kann eine besonders bequeme und leichte Bedienung des Motors erfolgen.

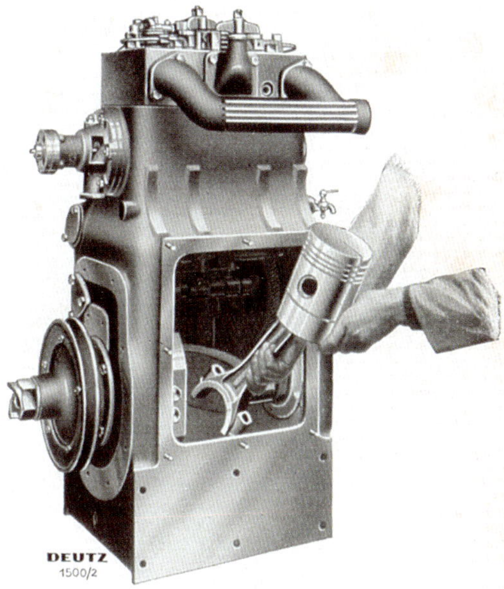

Motorinneres leicht zugänglich, Ausbau der Kolben- und Pleuelstangen ohne Abschrauben des Motors.

Vollkommenste Oel-, Luft- und Brennstoff-Filterung

Das **Spezial-Getriebe** eigener Konstruktion ist in sämtlichen Dimensionen besonders stark gebaut, sodaß dieses eine besonders große, übernormale Lebensdauer erwarten läßt. Sämtliche Zahnräder und Wellen des Getriebes sind aus legierten Edelstählen hergestellt, im Einsatz gehärtet, im Kern weich und daher bruchsicher, damit diese auch gegen die bekanntlich im landw. Betrieb oft vorkommenden Stöße und Ueberlastungen so gut wie unempfindlich sind. Der Verschleiß ist daher sehr gering.

Mehr als 30 Kugellager und die Ölbadschmierung sind Kennzeichen hoher Qualität.

Ein **Schalldämpfer** sorgt für besonders geräuscharmen Lauf.

Einen großen Vorteil bedeutet die **bequeme Zugänglichkeit** aller Teile sowie die damit verbundene **leichte Prüfung und Kontrolle aller Funktionen.**

Dieser Ackerschlepper vereinigt in sich alle wünschenswerten Eigenschaften und Vorzüge in unerreichter Weise.

Der Diesel 22 PS

ausgerüstet mit 4 1/2 Fuß-Mähbalken und Ratschkupplung, welche automatisch ausschaltet, sobald ein Fremdkörper ins Messer kommt.

Der neue 22 PS-Diesel

Bauern-Diesel-Schlepper mit Zweischarpflug

Der **Brennstoffverbrauch** beträgt 200 Gramm Rohöl pro PS und Stunde bei Vollast. Im landw. Betrieb entspricht dies höchstens 30—40 Pfg. pro Stunde einschl. Schmieröl. An Schmieröl allein braucht der Schlepper ca. 0,7 kg in 10 Std.

Pflügt beim Tiefpflügen zweischarig 1 ha in 3 Stunden, Schält vierscharig 1 ha in 1 1/2 — 2 Stunden

Mäht 60 ar Gras oder Getreide pro Stunde

Zieht Lasten bis zu 22 to auf ebener Straße

Treibt alle stationären Maschinen und leistet an der Riemenscheibe 20 PS

Ersetzt 4—6 Pferde und 1—2 Arbeitskräfte

Arbeitet viel schneller u. dreimal billiger als Pferde.

Schaltet das Pferderisiko aus

Rentabilitäts-Vergleich

Der Bauern-Diesel-Schlepper 22 PS arbeitet im allgemeinen soviel wie 4—6 Pferde. Die Unterhaltungskosten für ein Pferd: Hafer, Heu, Hufbeschlag, Geschirr, Tierarzt, Versicherung, sowie Tilgung und Verzinsung des Kaufpreises wird man nicht unter RM. 750.— jährlich annehmen können, das sind für 4 Pferde RM. 3 000.—.

Die Gesamtkosten des 22 PS-Schleppers: Tilgung und Verzinsung des Kaufpreises, Betriebsstoff und Oelverbrauch, Reifenverschleiß und Reparaturen sind zu veranschlagen für eine Leistung von 4 Pferden auf ca. RM. 1200.—. Es kommt noch dazu, daß der Schlepper nur bei der Arbeit bedient wird, während Pferde tagtäglich gefüttert und gepflegt werden müssen. Die sonst bei den Pferden beschäftigten Personen werden bei Schlepperbetrieb für andere nützliche und notwendige Arbeiten frei. Erst durch den Schlepper kann günstiges Erntewetter voll ausgenützt werden, was sich in nassen Jahren besonders deutlich gezeigt hat.

Je weniger Ersatzteile und Reparaturen nötig werden, desto billiger ist eine Maschine im Betrieb. Nicht der Kaufpreis ist entscheidend, sondern die Geeignetheit der Konstruktion und die zu erwartende Lebensdauer. Diesen Grundsätzen entspricht der 22 PS Bauern-Schlepper in hohem Maße, denn bei dieser robusten Maschine ist nur ein geringer Verschleiß und je nach der Beanspruchung eine Lebensdauer von mindestens 12—20 Jahren anzunehmen. In der glücklichen Vereinigung aller wünschenswerten Eigenschaften und Vorzüge eines leichten landw. Ackerschleppers steht dieser 22 PS Trekker heute einzig da und bildet eine Qualitätsklasse für sich, bei der jahrzehntelange Erfahrungen im Fahrzeug- und Schlepperbau ausgewertet worden sind.

TECHNISCHE DATEN

Bauart:
Stahlrohrrahmen
Spur 1250 mm – Normalraupe
„ 850 mm – Weinbergraupe

Motor:
MODAG-Viertakt 2 Zylinder-Diesel
Type R 2 V 212
Leistung bei 1800 U/min 25 PS
Drehmoment 10,2 mkg
mittl. Kraftstoffverbrauch 200 g/PS/h
Kraftstoffzuführ. d. Brennstoffpumpe

Kühlung:
Wasserkühlung mit Fernthermometer

Schmierung:
Druckumlauf-Schmierung m. Schmieröl
Reinigung durch Schmierölfilter

Triebwerk:
Blockgetriebe mit Frontantrieb, Fernschaltung und Doppellenkdifferential eigener Konstruktion mit 5 Vorwärtsgängen und 1 Rückwärtsgang

Kraftstoffbehälter:
Fassungsvermögen 40 l

Geschwindigkeiten:

1. Gang	2,43 km/h	0,675	m/sec
2. Gang	4,13 „	1,14	„
3. Gang	6,9 „	1,88	„
4. Gang	10,9 „	3,02	„
5. Gang	16,4 „	4,55	„

Rückwärtsgang 3,95 km/h

Elektr. Ausrüstung:
Anlasser u. Lichtmaschine Fabrik. Bosch
2 Scheinwerfer mit Vollabblendung und Standlicht, Signalhorn, 2 Schlußlampen und Stopplicht.

Abmessungen:
Höhe von Unterkante Kette bis Oberkante Steuerrad . . 1670 mm
Breite über alles bei
1250 mm Spur 1435 „
850 „ „ 1035 „
Länge über alles . . . 2900 „
Bodenfreiheit . . . . 320 „
Kettenbreite a. Gummipolster 160 „
Kettenauflage auf d. Straße 820 „
Kettenauflage auf d. Acker 1200 „

Gewicht:
Betriebsfertig ohne Schutzdach und Fahrer . . . . . . 1750 kg

Zapfwelle vorn und hinten:
Drehzahl . . . . . 540 U/min
Die hintere Zapfwelle ist unabhängig von der Kupplung und wird zusätzlich gegen Mehrpreis geliefert.

Motor und Getriebeblock sind zusammen mit Kühler, Lenkung und Armaturenbrett als Einheit auf den Stahlrohrrahmen montiert.

Sonderausrüstung:
Riemenscheibe:
Drehzahl . . . . . 1680 U/min
Durchmesser . . . . 220 mm
Breite . . . . . . 130 mm
Fahrer-Schutzdach mit Windschutzscheibe
Seilwinde
hintere Zapfwelle
Ölhydraulischer Kraftheber
Anbaugeräte

LINKE-HOFMANN-BUSCH
WAGGON - FAHRZEUG - MASCHINEN GMBH
SALZGITTER - WATENSTEDT

Vertreten durch:

23 4 53 20

E. A. Quensen, Lamspringe

Die Vollmotorisierung

aller Feld-, Forst- und Plantagenarbeiten — unter völliger Ausschaltung des Gespanneinsatzes —

ist durch die Leichtraupe „Robot" erreicht.

Die Leichtraupe „Robot" löst das Problem des 100% Schleppereinsatzes

für die Land- und Forstwirtschaft
für die Weinberg- u. Plantagenbearbeitung
und für Moorkulturen

mit durchschlagendem Erfolg.

Nach jahrelangen betriebswirtschaftlichen und arbeitswissenschaftlichen Erprobungen

hat die Fa. Linke-Hofmann-Busch

die Großserienfertigung dieser im In- und Ausland mit größtem Interesse erwarteten Leichtraupe aufgenommen.

Bodentechnische Eigenschaften

1. **Geringer spezifischer Bodendruck** durch niedriges Gesamtgewicht in Verbindung mit entsprechend bemessenen Gummipolstern
2. **Nicht zusammenhängende Druckspuren** durch entsprechende Anordnung der Gummipolster auf der Raupenkette
3. **Sichere Übertragung der Zugkräfte auf allen Bodenarten ohne nennenswerten Schlupf** durch die große Stützlänge
4. **Gleichmäßige Druckverteilung auch bei großen Zugkräften** durch sinnvolle Anordnung der torsionsgefederten Laufrollen.

Fahrtechnische Eigenschaften

1. **Geringer Rollenwiderstand der Raupenlaufwerke** durch kugelgelagerte Laufräder und geschmierte Lager in den Raupengliedern
2. **Höchstgeschwindigkeit ca. 17 km/h** dabei bessere Straßenhaftung als ein gummibereifter Radschlepper
3. **Leichte und verkehrssichere Lenkung** durch Verwendung eines Lenkdifferentials in Verbindung mit reichlich bemessenen Lenkbremsen
4. **Kleinster Wenderadius** durch Lenkbremse auf der Stelle wendbar
5. **Geringes Fahrgeräusch des Laufwerkes** durch Verwendung von Gummipolstern auf den Raupengliedern
6. **Angenehmes und nicht ermüdendes Fahren** durch weiche Einzelfederung der Laufräder
7. **Beste Fahrersicht** durch eine sich nach vorn verjüngende und stark abfallende Motorhaube.

Betriebswirtschaftliche Eigenschaften

Die Unterhaltungskosten sind nicht höher als beim Radschlepper durch

a) hohe Verschleißfestigkeit des Laufwerkes einschließlich aller Antriebsorgane
b) geringen Verschleiß in der Raupenverzahnung
c) neuartige Reibdichtung aller Lager gegen Staub, Schmutz und Wasser
d) geringe Relativgeschwindigkeit zwischen den Führungsflächen der großen Laufräder
e) lange Lebensdauer u. Auswechselbarkeit der Gummipolster
f) Torsions-Einzelfederung der Laufräder
g) geringste Stoßbeanspruchung aller nicht abgefederten Konstruktionsteile.

Die Leichtraupe „Robot" ist somit:

in der Verwendung vielseitig und unerreicht • im Betrieb äußerst wirtschaftlich • in der Anschaffung besonders preisgünstig

M·A·N
Ackerdiesel
M·A·N
Ackerdiesel
25 PS Zweiradantrieb
30 PS Vierradantrieb
MASCHINENFABRIK AUGSBURG-NÜRNBERG A.-G. WERK NÜRNBERG

![M·A·N Ackerdiesel]

M·A·N Ackerdiesel

25 PS TYP AS 325 f H
30 PS TYP AS 330 f A
4 ZYLINDER
M·A·N-DIESEL-MOTOR

TYP AS 325 f H ZWEIRADANTRI
TYP AS 330 f A VIERRADANTRI

WARUM 4-ZYLINDER?

Ein 4-Zylinder-Motor hat gegenüber Ein-, Zwei- und Drei-Zylinder-Motoren infolge seiner kleineren und ausgeglichenen Massen einen ruhigen, erschütterungsfreien Lauf. Das gleichförmige Drehmoment ermöglicht leichte Anpassung an den jeweiligen Kraftbedarf bei stetiger Zugkraft, wobei der Motor vom Leerlauf bis zu der vom Regler begrenzten Höchstdrehzahl dem Wunsche des Fahrers durch Betätigen des Fußgashebels sofort folgt. Der geringe Kolbenhub bewirkt niedrige Kolbengeschwindigkeiten. Dadurch ergeben sich wesentliche Vorteile für den praktischen Betrieb:

Geringe Beanspruchung der Triebwerksteile und somit weniger Verschleiß; leichtes Schalten, zügiges stoßfreies Arbeiten, auch bei schwerster Beanspruchung; größte Schonung der Arbeitsgeräte und geringste Ermüdung des Fahrers.

WARUM 4-RAD-ANTRIEB?

Mit dem 4-Rad-Antrieb wird dem Landwirt die Möglichkeit gegeben, den vollen Erfolg der Motorisierung auch auf Boden- und Geländearten zu erzielen, bei denen der bisher übliche Hinterradantrieb allein nicht mehr genügt. Der 4-Rad-Antrieb ergibt:

Höhere Zugleistung und größere Arbeitsgeschwindigkeit
im Acker ohne Mehrverbrauch an Brennstoff auf Grund der geringen Schlupfverluste —

Absolute Furchenfestigkeit und sichere Spurhaltung auch in Hanglagen und keine Neigung talabwärts abzuwandern —
Hervorragende Steigfähigkeit — kein Versacken der Vorderräder.

Die Arbeitsmaschine für die

MOTOR

Der Aufbau des M·A·N-4-Zylinder-Diesel-Motors ist einfach und kräftig. Die Zylinderbüchsen sind auswechselbar. Die gehärtete Kurbelwelle ist dynamisch ausgewuchtet und fünffach gelagert. Eine Zahnradölpumpe sorgt für zuverlässige Schmierung. Zur Wasserkühlung dienen Lamellenkühler mit Kühlerjalousie, Schleuderpumpe und Windflügel.

Die Kraftstoffeinspritzpumpe mit Regler ist vollkommen staubsicher eingekapselt.

Der Regler garantiert konstante Umdrehungszahl auch bei wechselnder Belastung. Ein ausgezeichneter Spezialluftfilter schützt vor Staub. Ein Fingerdruck und der elektrische Bosch-Anlasser bringt den Motor auch bei strengster Kälte zum Laufen.

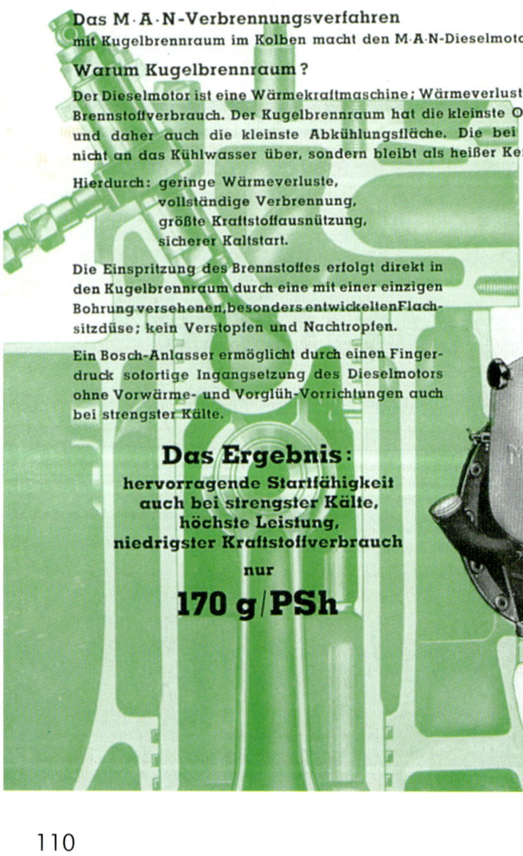

Das M·A·N-Verbrennungsverfahren
mit Kugelbrennraum im Kolben macht den M·A·N-Dieselmotor zu der hochentwickelten Antriebsmaschine.

Warum Kugelbrennraum?

Der Dieselmotor ist eine Wärmekraftmaschine; Wärmeverlust bedeutet Arbeitsverlust und bedingt erhöhten Brennstoffverbrauch. Der Kugelbrennraum hat die kleinste Oberfläche von allen Räumen gleichen Inhalts und daher auch die kleinste Abkühlungsfläche. Die bei der Verdichtung entstehende Wärme geht nicht an das Kühlwasser über, sondern bleibt als heißer Kern der Verbrennungsluft erhalten.

Hierdurch: geringe Wärmeverluste,
vollständige Verbrennung,
größte Kraftstoffausnützung,
sicherer Kaltstart.

Die Einspritzung des Brennstoffes erfolgt direkt in den Kugelbrennraum durch eine mit einer einzigen Bohrung versehenen, besonders entwickelten Flachsitzdüse; kein Verstopfen und Nachtropfen.

Ein Bosch-Anlasser ermöglicht durch einen Fingerdruck sofortige Ingangsetzung des Dieselmotors ohne Vorwärme- und Vorglüh-Vorrichtungen auch bei strengster Kälte.

Das Ergebnis:
hervorragende Startfähigkeit auch bei strengster Kälte, höchste Leistung, niedrigster Kraftstoffverbrauch
nur
170 g/PSh

Technische Daten	Typ AS 325 f H	Typ AS
Motor Typ	D 8814 f	D
Leistung	25 PS	
Arbeitsverfahren	Viertakt	V
Hub	110 mm	1
Bohrung	88 mm	
Zylinderzahl	4	
Gesamthubraum	2,7 Ltr.	
Drehzahl	1500 U/min.	1500
Zündfolge	1—3—4—2	1—
Verdichtung	18 : 1	
Maximales Drehmoment	14 mkg	16 mkg bei 1100
Schmierung		Druckumlaufschm
Kühlung		Wasserumlauf durch
Kraftstoffverbrauch		ca. 170
Schmierölverbrauch		2 % vom Kraftstoffver

Motor mit abgenommenem Deckel. Dieser schließt die Kraftstoffeinspritzpumpe staubdicht ab.

LEISTUNGSANGABEN UND ABMESSUNGEN

Geschwindigkeiten: 5-Gang-Getriebe:

Gang	1	2	3	4	5	R
km/h	3,5	5,6	8	12	20	4,3

bei 6-Gang-Getriebe: Kriechgang 1,8 km/h

Max. Zugkraft am Haken:
- bei Hinterradantrieb . . . 1500 kg
- bei Vorderradantrieb . . . 1800 kg

Max. Anhängelast auf ebener Straße . 15 to

Riemenscheibe:
- Durchmesser . . . . 220 mm
- Breite . . . . 150 mm
- Drehzahl . . . . 1472 U/min.
- Riemengeschwindigkeit 16,9 m/sec.
- übertragbare Leistung 25 PS bzw. 30 PS

Zapfwelle:
- Durchmesser . . . . . 29/35 mm
- nutzbare Länge . . . . . 75 mm
- Drehzahl . . . . 540 U/min.
- übertragbare Leistung 25 PS bzw. 30 PS

Länge:
- Typ AS 325 f H . . . . . 3015 mm
- Typ AS 330 f A . . . . . 3015 mm

Höhe: . . . . ca. 1700 mm
- mit Mähwerk . . . . . 2100 mm
- mii Wetterdach . . . . 2220 mm

Breite:
- Typ AS 325 f H . . . . . 1580 mm
- Typ AS 330 f A . . . . . 1680 mm

Gewicht:
- Typ AS 325 f H . . . . ca. 1800 kg
- Typ AS 330 f A . . . . ca. 1900 kg

Kleinster Wendekreis-Radius:
- Typ AS 325 f H . . . . . ca. 2,5 m
- Typ AS 330 f A . . . . . ca. 3 m

Radstand . . . . 1820 mm
- Spurweite vorn . . . . . 1290 mm
- hinten . . . . 1250 mm

nach Umdrehen der Räder
- vorn Typ AS 325 f H 1490 mm
- Typ AS 330 f A 1490 mm
- hinten . . . . 1500 mm

Bodenfreiheit:
- Typ AS 325 f H . 400 mm
- Typ AS 330 f A . 400 mm

Kupplung: Trockene Einscheibenkupplung

Getriebe: 5 Vorwärtsgänge, 1 Rückwärtsgang
Sonderausrüstung 1 Kriechgang

Bereifung:
- vorn 6,50-20
- hinten 10-28

KRAFTSTOFFVERBRAUCH

Beim Pflügen braucht ein Ackerschlepper mehr Kraftstoff als beispielsweise beim Mähen. Ein schwerer Boden erfordert mehr Kraft als Sandboden, dementsprechend schwankt auch der Kraftstoffverbrauch. Ein einwandfreier Vergleich läßt sich **nur** im Verbrauch pro PSh erzielen und beträgt beim **M·A·N-Ackerdiesel 170 gr/PSh, was von keinem anderen Fabrikat dieser Größe erreicht wird. Aus Erfahrungen im praktischen Arbeitsbetrieb nennen wir Ihnen den durchschnittlichen Brennstoffverbrauch bei allen vorkommenden Arbeiten einschließlich Pflügen, Mähen, Schälen, Transporten usw., ca.:**

1,8-1,9 kg = 2,2-2,3 Ltr./Std.

Land- und Forstwirtschaft

GESAMTAUFBAU

währter rahmenloser Blockbauweise. Motor, Getriebeblock und Hinterachstrichter n zusammen ein völlig steifes, verwindungsfreies Fahrgestell.

JPPLUNG UND GETRIEBE

:raftübertragung erfolgt vom Motor über eine Einscheibenkupplung auf das Schalt- ebe mit fünf Vorwärtsgängen und einem Rückwärtsgang.

lrei unteren Vorwärtsgänge sind für den Ackerbetrieb, die beiden oberen für den enbetrieb bestimmt. Das Triebwerk ist aus hochwertigem Spezialstahl hergestellt, rtet und geschliffen. Sämtliche Triebwerksteile, Kupplung, Schaltgetriebe, Vorlege- und leichsgetriebe sind in einem Getriebeblock vereinigt. Alle Zahnräder laufen im Ölbad.

hgang als 6. Gang · Zusatzausrüstung für Arbeiten mit folgenden Geräten:
Kartoffelvollerntemaschine · Rübenvollerntemaschine · Kartoffel-Schleuderroder Kartoffelpflanzer · Kohlpflanzmaschinen · Gemüsepflanzmaschinen · Pflanzenhacke (Vielfachgerät) · Bodenfräse · Maulwurfsdrainpflug · Mähdrescher.

NTERACHSE

:interachstrichter sind mit dem Getriebegehäuse fest verschraubt. Die Antriebsräder linterachse sind aus Spezialstahl hergestellt und gehärtet. Das Ausgleichsgetriebe errbar, um Geländeschwierigkeiten leichter überwinden zu können.

:EMSEN

ußbremse wirkt über eine kräftig bemessene Zweibackenbremse auf die Hinter- :. Sie ist als Lenkbremse ausgebildet, wobei jedes Hinterrad einzeln bremsbar ist. Im Verein mit dem großen Einschlag der Vorderräder hat der M·A·N-Ackerdiesel den geringen **Wendekreisradius von 2½ m.**

Die Handbremse wirkt unabhängig von der Fußbremse auf eine Bremstrommel am Getriebe.

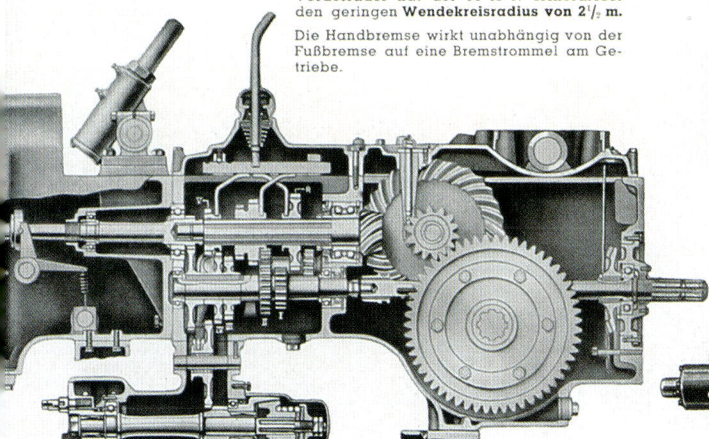

VORDERACHSE UND LENKUNG

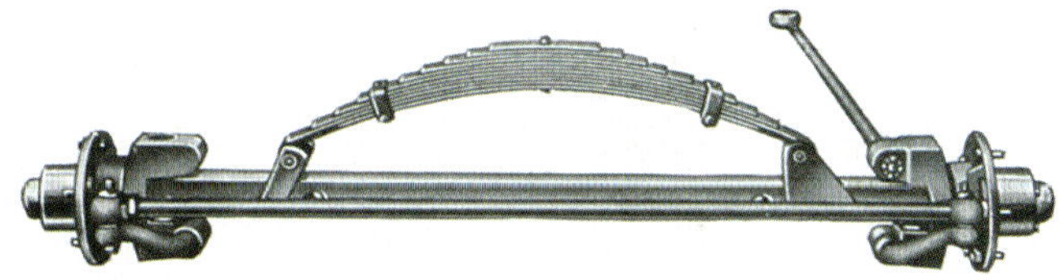

Die Vorderachse ist beim Hinterrad-angetriebenen M·A·N-Ackerdiesel eine kräftige Faustachse, pendelnd aufgehängt und gegen den Fahrzeugrumpf abgefedert. Durch den großen Einschlag der Vorderräder ist das Fahrzeug äußerst wendig. Eine kräftige Abstützgabel gewährleistet die sichere Führung der Vorderachse. Die Schneckenlenkung — Bauart Roß — sitzt in der Mittellinie des Fahrzeuges.

ANTRIEB DER VORDERACHSE BEIM 4-RAD-ANTRIEB

Der Antrieb der Vorderachse geschieht durch eine seitliche Gelenkwelle vom Getriebe aus. Er kann mit einem Handgriff ein- oder ausgeschaltet werden. Es ist jederzeit möglich, den Vorderradantrieb auch noch nachträglich einzubauen, wenn es die besonderen Betriebsverhältnisse erforderlich machen sollten.

Die Vorderachse ist beim 4-Rad-angetriebenen M·A·N-Ackerdiesel eine Gabelachse die ebenfalls pendelnd aufgehängt und gegen den Fahrzeugrumpf abgefedert ist.

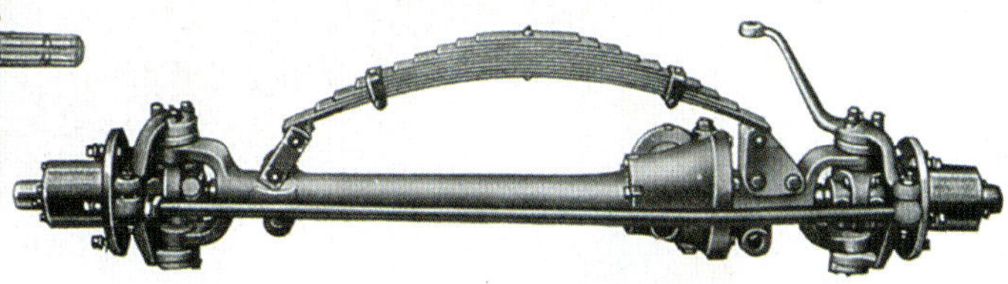

Text und Abbildungen unverbindlich. Änderung in Konstruktion und Ausrüstung vorbehalten.

M·A·N *Ackerdiesel* Ausrüstung und Zusatzgeräte

AUSRÜSTUNG:
Zapfwelle · Riemenscheibe · Anhängeschiene für Ackergeräte · Anhängekupplung für Straßenfahrzeuge · Abschleppvorrichtung vorn · Kühlwasserthermometer · Kühlerjalousie · Öldruckmesser · Spezialluftfilter · Brennstoff- und Schmierölfilter · Werkzeugkasten mit Zubehör · Wagenheber · Andrehkurbel.

ELEKTRISCHE ANLAGE:
Anlasser 1,8 PS · Lichtmaschine 12 V, 75 W · Hupe · Scheinwerfer mit Abblendlicht Schluß- und Stoplicht · Batterie 75 A/h.

ZUSATZGERÄTE:
Kriechgang 1,8 km/Std. · Mähantrieb mit Rutschkupplung · Mähbalken mit Reservemesser · Motorhydraulischer Geräteheber für Anbaugeräte · Transportkasten · Druckluftbremsanlage für schweren Anhängerbetrieb · Seilwinde mit Gegenstütze · Selbstreinigende Geländeketten · Belastungsgewichte für Vorder- und Hinterräder · Einsteckluftpumpe zum Reifenfüllen · Gefederte oder ungefederte Gelenkkupplung · Wetterdach mit Windschutzscheibe aus Sicherheitsglas, elektr. Scheibenwischer, Blechverkleidungen und Segeltuchvorhänge mit Cellonfenstern seitlich und hinten · Tachometer mit Antrieb.

VERLANGEN SIE UNSERE SPEZIALDRUCKSACHEN FÜR ZUSATZAUSRÜSTUNGEN ZUM M·A·N-ACKERDIESEL

M·A·N-Ackerdiesel beim Tiefpflügen mit 3-Scharpflug.

M·A·N-Ackerdiesel mit Mähbinder bei der Getreideernte.

M·A·N-Ackerdiesel als stationäre Kraftanlage beim Dreschen.

M·A·N-Ackerdiesel mit Wetterdach bei der Arbeit mit angehängtem Kultivator.

M·A·N-Ackerdiesel mit Kartoffel-Vollerntemaschine.

M·A·N-Ackerdiesel bei der Rübenernte.

M·A·N-Ackerdiesel beim Einbringen der Ernte in Ägypten.

M·A·N-Ackerdiesel mit motorhydraulischem Geräteheber und 2-Schar-Wechselpflug beim Tiefpflügen.

M·A·N-Ackerdiesel mit hydr. Geräteheber und Transportkasten. Tragfähigkeit 5 Ztr.

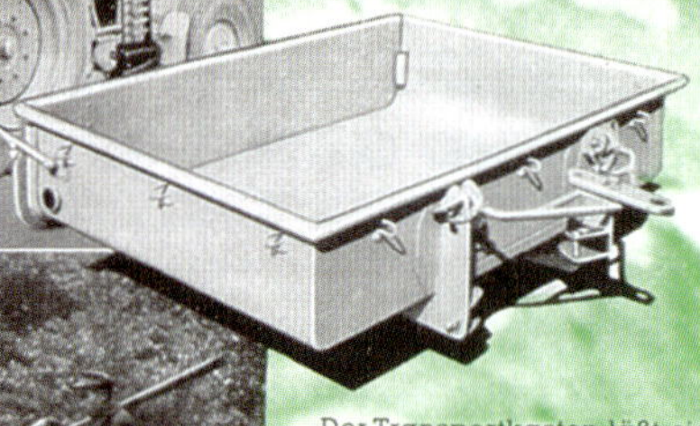

Der Transportkasten läßt sich an jedem M·A·N-Ackerdiesel auch ohne hydr. Geräteheber leicht auf die Anhängeschiene montieren.

M·A·N-Ackerdiesel mit Seilwinde im Forsteinsatz beim Langholzschleppen.

M·A·N-Ackerdiesel mit Druckluft-Anhänger-Brems-Einrichtung.

M·A·N

UNITRAK

der preiswerte **Vollgeräteträger**

die **Landbaumaschine** mit der vollständigen Gerätelinie

Lizenz: WALTER HOFMANN

TECHNISCHE EINZELHEITEN

Dieselmotor, 15 PS Dauerleistung,
Zweitakt, 1 Zylinder, luftgekühlt mit Drehzahlregler, Luft- und Kraftstoff-Filter und elektr. Anlasser.

Kupplung: Einscheiben- F. u. S. Kupplung.

Getriebe: 4 Vorwärtsgänge und 4 Rückwärtsgänge, Einhebelschaltung für alle Gänge und alle Zapfwellendrehzahlen. Eingebautes Umkehrgetriebe, Schnellschaltung zum Rückwärtsstoßen.

Geschwindigkeiten:

1. Gang 1,0 — 2,3 km/st.	Der 1. Gang ist als Kriechgang ausgebildet.
2. Gang 2,3 — 5,2 km/st.	
3. Gang 3,5 — 7,5 km/st	Alle 4 Gänge auch für Rückwärtsfahrt benutzbar.
4. Gang 7,5 — 20 km/st.	

Achsantrieb: Einzelantrieb über ein Differential mit Lenkbremsen und Differentialsperre mit Vorwählschaltung

Lenkung: Zahnsegment mit vollautomatischer Lenkbremse.

2 Zapfwellen: Eine vorne, eine in Schleppermitte mit 4 verschiedenen Drehzahlen von 200 bis 1600 U/Min., darunter die Normdrehzahl von 540 U/Min.

Sicherheits-Rutschkupplung: In der Zapfwelle eingebaut. Sichert bei Stockungen an den Zusatzgeräten das Getriebe.

Riemenantrieb: Riemenscheibe mit 220 mm Durchmesser und 120 mm Breite. 4 verschiedene Drehzahlen.

Bremsen: Zwei unabhängige Bremsen mit Hand- und Fußbetätigung.

2 Kraftheber (Hubwerke): Vorderes Hubwerk für Zapfwellengeräte. Haupthubwerk in Schleppermitte für alle Bodenbearbeitungsgeräte, vollständiger Ausgleich des Gerätegewichtes.

Feinsteuerung: Alle am mittleren Hubwerk befestigten Bodenbearbeitungsgeräte konnen durch Ausfahren nach beiden Seiten feingesteuert werden.

Schnellverschluß für alle Zusatzgeräte: Sämtliche Zapfwellengeräte, wie Mähwerk, Fräswerk, Kartoffelroder usw. sowie sämtliche Geräte am Haupthubwerk, wie Pflug, Hackrahmen usw. sind mit Schnellverschluß befestigt.
Auswechslung eines Gerätes ohne Schlüssel durch einen Mann in 1 - 2 Minuten.

Anhängerkupplung: Hinteres Anhängemaul, ferner Aufsattelkupplung in Schleppermitte.

Bereifung: Ackerluftreifen 8 x 24

Spurweite: Mit Schnellverschluß zwischen 1 m und 2 m verstellbar. Sonderausführung als Weinbergschlepper Spurweite ab 1,05 m.

Wenderadius: 2,20 m außen, innen Drehung auf der Stelle.

Bodenfreiheit: 356 mm unter Getriebe, 400 mm unter Triebachsen.

Gewicht: ca. 18 Ztr. betriebsfertig.

Zugleistung: rd. 50 Ztr. ($2\frac{1}{2}$ t) mit Aufsattelanhänger in aufgeweichtem Acker, rd. 4 t mit 15 km/st. auf guter Straße. Einschar-Pendelwechselpflug bis 30 cm Tiefe in mittelschwerem Boden.

Kraftstoffverbrauch: Im Jahresmittel ca. 1,2 Ltr./Std. im Arbeitseinsatz. Kraftstofftank 20 Ltr. Öltank 3 Ltr. Inhalt.

13 erteilte und 18 angemeldete In- und Auslandspatente

METALLWERK CREUSSEN CARL TABEL

UNITRAK-VERTRIEB · DEUTSCHES LANDWERK GMBH

FERNRUF: 30875 **NÜRNBERG** BUCHER STRASSE 115

Der UNITRAK mit zweiteiligem Pendel-Wechselpflug

Der UNITRAK mit Grubber und Aufsatzpritsche 8/10 Ztr.

Der UNITRAK mit dreiteiliger Hubegge und Spurlockerer

Der UNITRAK mit Mehrzweck-Gerät „Erdmeister", 3- und 5-reihig

Der UNITRAK mit seitengesteuertem Frontmähwerk 1,50 — 1,70 m

Der UNITRAK mit Pflugwerk und Einachsanhänger 40-60 Ztr. Type „Flachland" oder „Bergmeister", auch als Kipper lieferbar

Das UNITRAK-System

Der UNITRAK ist kein Schlepper herkömmlicher Bauart. Die bisher üblichen Schlepper-Typen dienten ausschließlich als „eisernes Pferd" des Landwirts, d. h. als vorgespannte Zugmaschine. Die UNITRAK-Landbaumaschine hat demgegenüber die Aufgabe, dem Bauern in erster Linie ein Werkzeug zu sein zur rationellen und kräftesparenden Bearbeitung seines Bodens, zur schonenden Pflege seiner Pflanzungen und zur Durchführung sämtlicher überhaupt vorkommenden Arbeiten auf Feld und Hof. Darüber hinaus erfüllt sie ebenso gut die Anforderungen, die man an sie als Zugmaschine für Transport und Einbringung der Ernte stellt. Es war bisher üblich, den Schlepper und seine Geräte als zwei völlig voneinander unabhängige Dinge zu betrachten, d. h. dem Landwirt wurde nach dem Erwerb eines Schleppers ganz die Sorge um die Wahl der dazugehörigen Arbeitsgeräte überlassen. Das UNITRAK-System nimmt ihm diese Sorge ab.

Der immer mehr zunehmende Mangel an landwirtschaftlichen Hilfskräften und der Zwang, durch Einsparen der Arbeitskräfte wirtschaftlich zu arbeiten, erhebt gebieterisch die Forderung nach **Einmannbedienung** im Schlepperbetrieb. Diese läßt sich aber nicht durch die althergebrachte Methode durchführen, sondern nur durch die folgerichtige Verwirklichung der **Einheit von Schlepper und Gerät.**

Das Gerät ist dabei nicht Anhängsel, sondern auswechselbarer Bestandteil des Schleppers! Für den UNITRAK-**Geräteträger** wurde nach diesem Grundsatz eine Gerätereihe entwickelt, die mit dem Schlepper zusammen geliefert wird und die fast alle Feldarbeiten umfaßt — von der Bodenvorbereitung bis zur Ernte!

Aufbau der UNITRAK-Landbaumaschine

Die Gestaltung des UNITRAK entspricht ganz dem Zweck der geschilderten Aufgabe. Im folgenden nennen wir die besonderen Merkmale:

Das **Rahmenwerk** gestattet die Unterbringung aller Geräte zwischen Vorderrädern und Heckrad, also völlig in Sicht des Fahrers. Diese Anordnung ergibt außerdem eine ganz kurze Gespannlänge und einwandfreie Tiefenführung der Bodenwerkzeuge, da die Nickschwingungen des Schleppers sich nicht nachteilig auswirken können. Bodenbearbeitungsgeräte und Vielfachgeräte liegen in der Mitte, zapfwellengetriebene Geräte an der vorderen Zapfwelle. **Zwei Hubwerke** mit **Gewichtsausgleich** für die verschiedenen Arbeitsgeräte übernehmen Einsatz und Aushub desselben.

Die Befestigung aller Geräte und auch die Fixierung der Antriebsräder geschieht ohne besondere Werkzeuge, ausschließlich durch Stecker oder Schnellverschlüsse.

Das Auswechseln aller Geräte ist eine Frage von Minuten und durch **einen Mann** möglich.

Ein **Feinsteuerwerk** gestattet die sonst so schwierige Bedienung der Hack- und anderen Pflegegeräte allein durch den Fahrer. Die damit erreichte Steuergenauigkeit in den Pflanzungen und die gute Sicht auf die Geräte machen den UNITRAK zum idealen **Hackschlepper** und zur universellen Maschine für alle Plantagenarbeiten. Auch in diesem Fall ist Einmannbedienung ermöglicht.

Das **Dreiradprinzip** gibt dem UNITRAK eine enorme Wendigkeit. Die mit dem Lenkrad gekuppelte **automatische Lenkbremse** ermöglicht eine Drehung des Schleppers auf der Stelle, ein Vorteil, der beim Wenden am Ackerrand, bei kleinen Parzellen und umgrenzten Räumen unschätzbar ist.

Die **Triebachse** des UNITRAK liegt mit ihren beiden Triebrädern vorn. Sie ist stark gewichtsbelastet und ergibt daher ausgezeichnete Zugeigenschaften. Die meisten Arbeitsgeräte, vor allem der Wechselpflug, erwirken eine zusätzliche Anpassung der Triebräder an den Boden. Ein „Aufbäumen" des Schleppers ist bei diesem Prinzip des Vorderradantriebs ausgeschlossen. Die Antriebsräder sind auf der Achse beidseitig oder auch einseitig verschiebbar und lassen eine **Spurverstellung** von 1 m bis 2 m Spurweite zu. Eine besondere Vorrichtung gestattet diese Verstellung ohne Wagenheber in kurzer Zeit und bei jeder Gelegenheit.

Das **Getriebe** des UNITRAK ist ein Vierganggetriebe, dessen Vorwärtsgänge nur durch Umlegen eines Hebels in ebensoviele Rückwärtsgänge umgewandelt werden können. Die Schaltanordnung gewährleistet eine absolut narrensichere Bedienung. Die Geschwindigkeiten reichen vom **Kriechgang** bis zur Straßengeschwindigkeit.

Der UNITRAK besitzt eine vordere **Zapfwelle** und einen hinteren Zapfwellenanschluß. Die Zapfwelle liefert 4 verschiedene Drehzahlen von 250 bis 1650 Umdrehungen pro Minute. Das Einschalten geschieht durch ein geringes Weiterrücken des Ganghebels. Die Zapfwellen sind also fahrgeschwindigkeitsabhängig.

Die **Differentialsperre,** die durch Federdruck betätigt wird, ist so gestaltet, daß ihre Benutzung ohne Gefahr für das Getriebe ist. Sie arbeitet mit Vorwählung.

Der UNITRAK hat als **Antriebsmaschine** einen luftgekühlten Einzylinder-Zweitakt-Dieselmotor von 15 PS Dauerleistung. Dieser Motor zeichnet sich durch eine außerordentliche Robustheit, durch Einfachheit in der Bedienung und durch wirtschaftlichen Verbrauch aus. Er besitzt alle Vorzüge eines luftgekühlten Motors mit seiner Unabhängigkeit vom Kühlwasser in der kalten und in der heißen Jahreszeit usw.

Die Gerätelinie des UNITRAK

An den UNITRAK kann jedes vorhandene Arbeitsgerät angehängt werden. Die UNITRAK-Besitzer sind auch in der Lage, sich jedes vorhandene Gerät ihres Zugtiergespanns in einfachster Weise an den UNITRAK anzubauen.

Wie oben erwähnt, ist jedoch für ihn eine besondere **Gerätereihe** entwickelt, die seinen Einsatz besonders arbeitsparend und wirtschaftlich macht. Sie umfaßt alle Arbeitsvorgänge des landwirtschaftlichen Betriebes und ermöglicht vielfältige **Kombinationen** der einzelnen Arbeitsgänge.

Der Aufbau der UNITRAK-Landbaumaschine und ihre Gerätereihe macht sie für den mittleren und kleineren Landwirt zu einem zuverlässigen und anspruchslosen Helfer in seiner ganzen Tagesarbeit. Für größere Betriebe stellt sie neben dem großen und schweren Zugschlepper eine wertvolle Ergänzung als Universalgerät und insbesondere als Hackschlepper dar. Sie steht in dem Streben, die dringenden Probleme der heutigen Landwirtschaft mit geeigneten technischen Mitteln zu meistern, an erster Stelle.

MIAG DIESEL
MIAG
ACKER-SCHLEPPER TYP AD 22
MIAG FAHRZEUGBAU G·M·B·H
OBER-RAMSTADT/HESSEN • FRANKFURT/MAIN

Diese Bilder zeigen die gute Wendigkeit, die große Bodenfreiheit des Schleppers und den Gleichlauf der Lenkräder mit den Treibrädern bei starken Geländeunterschieden.

MIAG-Ackerschlepper AD 22 und AD 33,

entwickelt aus langjährigen Erfahrungen, sind erprobte Diesel-Zugmaschinen, insbesondere für alle einschlägigen Arbeiten in der Landwirtschaft, ebenso aber auch in der Forstwirtschaft und im Transportwesen.

Diese Maschinen besitzen alle Einrichtungen, welche der fortschrittliche Landwirt zum Ziehen und Anhängen aller landwirtschaftlichen Geräte, z. B. Antrieb von Mähbalken, Zapfwellenbindern u. dgl. verlangt. Außerdem Riemenscheibe zum Antrieb von Dreschsätzen, Pumpanlagen, Sägen, Schrotmühlen usw.

Die Typen AD 22 und AD 33 sind damit nicht nur allein Zugmaschinen, sondern auch gleichzeitig fahrbare ortsunabhängige Kraftanlagen.

Die Bodenfreiheit mit 350 mm bzw. 380 mm ist für den modernen Hackfruchtbau größtmöglich konstruiert; die Wendigkeit ist mit einem Innenradius von nur ca. 1,45 m beim AD 22 bzw. 1,70 m beim AD 33 außerordentlich günstig, insbesondere zur Erzielung eines kleinen Vorgewendes. Die Spurweite ist durch Umstecken der Räder verstellbar.

Neuartig ist die Vorderachse in Doppellenkerbauart (DRP angemeldet). Diese besitzt eine gute schwingungsdämpfende Federung (DRP), welche ein Springen auf holpriger Straße wesentlich mildert. Auch bei Durchfederung und bei allen Bodenunebenheiten haben die Lenkräder keine Spurveränderung, sie bleiben stets in der Spur der Treibräder. Hierdurch wird gleichzeitig ein seitliches Schlingern in der Vorderachse gegenüber einfachen Pendelachsen vermieden, da keine Spurverschiebung gegenüber den Treibrädern erfolgt.

Selbstverständlich sind die Schlepper mit elektrischem Anlasser, Vorglüheinrichtung, einer Beleuchtungsanlage mit Abblend- und Standlicht gem. Reichsstraßen-Verkehrsordnung ausgerüstet.

Eine Differentialsperre erleichtert das Arbeiten bei schwierigen Bodenverhältnissen.

TECHNISCHE DATEN

Motor: Viertakt-Vorkammer-Diesel-Motor, Bohrung 100 mm, Hub 150 mm. AD 22: 22/24 PS, Zweizylinder. AD 33: 33/36 PS, Dreizylinder.

Kühlung: Umlaufkühlung.

Brennstofftank: Inhalt ca. 40 Liter.

Kupplung: Reichlich bemessene Einscheiben-Trockenkupplung.

Getriebe: Blockkonstruktion, Viergang-Schleppergetriebe mit Differentialsperre, 4 Vorwärtsgänge, 1 Rückwärtsgang, mit Zapfwelle für Antrieb von landwirtschaftlichen Maschinen und Riemenscheibe.

Fahrgeschwindigkeit:

		AD 22:	AD 33:
1. Gang . .	ca.	3,75 km/h	4,00 km/h
2. Gang . .	ca.	5,95 km/h	6,40 km/h
3. Gang . .	ca.	10,80 km/h	11,50 km/h
4. Gang . .	ca.	19,50 km/h	20,00 km/h
Rückwärtsgang	ca.	2,45 km/h	2,65 km/h

Spurweite: Vorn und hinten 1270 mm, Spurverbreiterung auf ca. 1430/1446 möglich durch Umstecken der Scheibenräder.

Achsabstand: AD 22: 1670 mm,
AD 33: 1880 mm.

Bereifung:

	AD 22:	AD 33:
vorn:	6,00 – 20	6,50 – 20
hinten:	9,00 – 24 (Traktor)	11,25 – 24 (Traktor).

Lenkung: Original-Fulmina-Spindellenkung, Wenderadius am innersten Rad gemessen bei
AD 22: ca. 1,45 m,
AD 33: ca. 1,70 m.

Bremsen: 2 unabhängig voneinander wirkende Bremsen, Bauart Perrot, den polizeilichen Vorschriften für Straßenfahrzeuge entsprechend, Fußbremse auf beide Hinterräder, feststellbare Handbremse auf Getriebe wirkend.

Bodenfreiheit: bei AD 22: 350 mm,
bei AD 33: 380 mm,
auch bei eingebautem Mähwerk Syst. „Mörtl".

Anhängevorrichtungen: für Lastanhänger und Ackergeräte.

Führersitz: Gefedert mit Rückenlehne in Rohrkonstruktion mit auswechselbaren Sitz- und Rückenlehnenbespannungen.

Ausrüstung mit elektr. Anlasser und Starterbatterie, Vorglüheinrichtung, Lichtmaschine, Beleuchtungsanlage 12 Volt; Bilux-Scheinwerfer mit Standlicht, Brems-, Schluß- und Kennzeichenleuchte.

Zusatz-Ausrüstung: Auf Wunsch: Mähbalken System „Mörtl" oder Seilwinde, Antrieb von Zapfwelle.

Eigengewicht: AD 22: ca. 1760 kg,
AD 33: ca. 2000 kg.

Zugleistung:

	AD 22:	AD 33:
Auf guter ebener Straße:		
Anhängelast	ca. 10 to	15 to
Auf dem Acker:		
Saatpflügen	2-Scharpflug	3-Scharpflug
Schälen	4 – 5-Scharpflug	

Zapfwellenbinder mit großer Arbeitsbreite oder 1 – 2 Zugbinder. Die Leistung ist jeweils von den vorliegenden Bodenverhältnissen bzw. den verwendeten Geräten abhängig.

Arbeitsleistung pro Stunde:

	AD 22:	AD 33:
Schälen	ca. 0,45 – 0,62 ha	0,67 – 0,95 ha
Saatpflügen . .	ca. 0,20 – 0,37 ha	0,30 – 0,56 ha
Mähen mit Zugbinder	ca. 0,58 – 0,75 ha	0,87 – 1,10 ha
Mähen mit Zapfwellenbinder	ca. 0,70 – 0,87 ha	1,05 – 1,30 ha
Grasmähen . .	ca. 0,62 – 0,87 ha	0,95 – 1,30 ha
Dreschen . . .	ca. 20 – 28 Ztr.	30 – 42 Ztr.

Technische Daten sind unverbindlich!

MIAG FAHRZEUGBAU G. M. B. H., WERK OBER-RAMSTADT · Telefon: Ober-Ramstadt 246, Telegramme: Miag Ober-Ramstadt
FAHRZEUGBAU G. M. B. H., WERK FRANKFURT/M., Mainzer Landstr. 331 · Tel.: 72641, Telegr.: Miag Werk Frankfurt/M.

NORDTRAK
STIER
TYP St 45
MIT VIERRAD-ANTRIEB

Die Vorteile des Vierradantrieb

Die vier gleich großen Räder ermöglichen eine annähernd **gleichmäßige Gewich verteilung** auf die Vorder- und Hinterachse.

Die Räder arbeiten als Triebräderpaare, und die Zugkraft ist etwa 40 – 50 % (je n Bodenbeschaffenheit) größer als die normaler Traktoren gleicher Motorenstärke.

Die günstige Gewichtsverteilung auf alle vier Räder ergibt einen wesentlich **verringert Bodendruck** und gestattet die Verwendung des Traktors auch auf **druckempfindlich Böden.**

Der größte Vorzug des Traktors mit Vierradantrieb ist seine **Geländegängigkeit.** A Hindernisse, wie Böschungen, Gräben, tiefe Löcher, werden ebenso mühelos überwunden steile Hänge, loser Sand, tiefer Schlamm, wenig tragfähiges Moor, feuchter und klebri Lehmboden. Der »Nordtrak-Stier« kennt kein Festfahren, kein Durchrutschen der Antrie räder, kein Aufwühlen des Bodens beim Wenden, kein Einsinken und Steckenbleiben Vorderräder, ganz gleich, ob er wurzelreiches und steiniges Waldgelände, aufgeweic Wege oder schwersten Ackerboden zu bewältigen hat.

Diese hervorragenden Eigenschaften der »Nordtrak-Stier«-Traktoren geben ihnen e unerreichte **Vielseitigkeit.**

Gegenüber dem Traktor mit Raupenantrieb hat der vierradangetriebene Traktor den bed tenden Vorzug der höheren Geschwindigkeit, der größeren Wendigkeit und der Schonu der Bodenoberfläche. Außerdem ist der Unterschied der Anschaffungspreise erheblich, u die Betriebs-, Wartungs- und Instandsetzungskosten sind wesentlich niedriger. Da d Befahren befestigter Straßen mit Raupenfahrzeugen in fast allen Ländern verboten ist, m umständliches Verladen und kostspieliger Transport zum Arbeitsplatz und zurück be Raupentraktor in Kauf genommen werden, während der Radtraktor mit eigener Antriebskr den Arbeitsplatz erreichen kann.

Vielseitig-schnell mit ganzer Kraft, der »Nordtrak-Stier« es immer schaff

Vierradantrieb immer überlegen!

Technische Daten St 45

Motor	Dreizylinder-Viertakt-Dieselmotor, stehende Bauart, Fabrikat MWM Typ KDW 415 D; Leistung: 42 PS bei 1600 UpM; Hubraum: 3540 ccm; Verdichtung: 1:17,3; Kraftstoffpumpe: Fabrikat Deckel; Einspritzdüse: Fabrikat Bosch; Luftreiniger: Ölbadfilter; Schmierung: Druckumlaufschmierung mit automatischer Schmierung der Kipphebel; Kühlung: Wasserkühlung; Kraftstoffbehälter: 54 Liter Inhalt
Kraftstoffverbrauch	Bei 85 % Belastung 193 g/PSh
Kupplung	Einscheibentrockenkupplung, Fabrikat: Fichtel & Sachs
Getriebe	A. Fünfgangschaltgetriebe, Übersetzungen: 1. Gang 1:6,81 — 4. Gang 1:1,58 2. Gang 1:4,05 — 5. Gang 1:1 3. Gang 1:2,44 — R-Gang 1:8,32 B. Verteilergetriebe, Übersetzung 1:2,46 - Acker 1:1,9 - Straße C. Vorder- und Hinterachsdifferential Übersetzung 1:6,67
Vorderachse	Pendelachse, angetrieben durch kräftige Gelenkwellen
Hinterachse	Starr mit Getriebe verbunden
Radstand	Kleinster Spurkreisdurchmesser a) ohne Lenkbremse 11000 mm b) mit Lenkbremse 7500 mm
Bereifung	Vorn und hinten 10 – 28 AS oder 11 – 28 AS
Bremsen	Feststellbare Handbremse auf Getriebe wirkend, Fußbremse auf Hinterräder wirkend, Einzelradbremsung durch Lenkbremshebel
Elektrische Anlage	12-Volt-Lichtmaschine 75 Watt, 12-Volt-Anlasser 2,5 PS, Batterie 75 Ah, 2 Scheinwerfer, 2 Positionsleuchten
Zapfwelle	Hinten, abhängig von der Motordrehzahl und Fahrwerkskupplung, Profil und Drehzahl nach DIN 9611
Sonstiges	Gefederter Muldensitz, Notsitz auf den Kotflügeln, vordere und hintere Anhängerkupplung, Anhängeschiene
Gewichte	Eigengewicht: 2540 kg; Vorderachsdruck: 1300 kg; Hinterachsdruck: 1240 kg
Maße	Größte Höhe: 1875 mm; größte Länge: 3300 mm; größte Breite: 1620 mm; Bodenfreiheit: 370 mm; Spurweite: 1400 mm

Geschwindigkeiten

Acker Bereifung:	10 – 28 AS	11 – 28 AS	Straße Bereifung:	10 – 28 AS	11 – 28 AS
1. Gang	3,1 km/h	3,3 km/h	1. Gang	4,0 km/h	4,25 km/h
2. Gang	5,1 km/h	5,4 km/h	2. Gang	6,6 km/h	7,0 km/h
3. Gang	8,3 km/h	8,8 km/h	3. Gang	10,7 km/h	11,4 km/h
4. Gang	13,3 km/h	14,0 km/h	4. Gang	17,7 km/h	18,1 km/h
5. Gang	20,5 km/h	21,8 km/h	5. Gang	26,6 km/h	28,2 km/h
R-Gang	2,5 km/h	2,6 km/h	R-Gang	3,25 km/h	3,45 km/h

Zughakenkraft	2300 kg an der Ackerschiene
Sonderausrüstung	Riemenscheibe, verlängerte Ackerschiene, vollautomatische Anhängerkupplung, Kraftheber, Dreipunktaufhängung, Führerhaus, Seilwinde, Bergstütze, Radballastgewichte, Stoßstange, verstärkte Hinterachse, verstärkte Bereifung 10 – 28 M + S, Lichtmaschine 130 Watt, Batterie 150 Watt, Wittenburg-Frontlader, Druckluftanlage

Norddeutsche Traktorenfabrik Franz Westermann

HAMBURG-BERGEDORF · BERGEDORFER STRASSE

Im Dienste des Aufbaus

ein **Dieselschlepper**
für Straße
und Acker

NORMAG m.b.H.

Fernruf 1350, 1351
Drahtwort: Normag, Nordhausen

Nordhausen am Harz

Der

NORMAG-Schlepper

ist eine Universalmaschine, die jeder Mittel- u. Kleinbetrieb braucht, zugleich

Straßenzugmaschine

Ackerschlepper und

Antriebsgerät

für landwirtschaftliche Arbeiten.

Ausgerüstet mit

Zweizylinder-Viertakt-Dieselmotor 20/22 PS, sofort startbereit, mit Röhrenkühler, Umlaufpumpe und Ventilator,

Einscheiben-Trocken-Kupplung, jeder Beanspruchung gewachsen,

Vierganggetriebe aus hochwertig legierten Stählen, mit Knüppelschaltung,

gefederter Vorderachse mit zwei von einander unabhängigen Pendelarmen - infolgedessen große Bodenfreiheit und gute Geländegängigkeit,

geteilten Einbaugewichten in den Hinterrädern - dadurch entlastete und geschonte Hinterachslager - leichter Reifenwechsel,

geschweißtem, geschlossenem Fahrgestellrumpf, in dem öl- und staubdicht Getriebeteile, Handbremse und sonstige empfindliche Teile übersichtlich untergebracht sind,

zwei nachstellbaren Bremsen; Fußbremse auf Hinterräder wirkend, Handbremse federnd auf Getriebe wirkend,

Aero-Niederdruckbereifung vorn, **Spezialbereifung mit Greiferprofil** hinten - dadurch geringer Bodendruck,

gefederter Zugvorrichtung zum Abfangen von Stößen durch Bodenunebenheiten und zur Schonung von Maschine und Anhänger,

großem Stauraum im bequemen und breiten Führersitz,

elektrischer Ausrüstung, bestehend aus Batterie, Lichtmaschine, Scheinwerfer, Glühkerzen und Boschhorn,

ist der ‚NORMAG-Schlepper eine ganz besonders leistungsfähige Maschine - in gleicher Weise bewährt auf der Landstraße wie auf dem Acker.

Geschwindigkeiten:	3, 5/6, 5/11/20 Km/stdl.
	3,5 Km rückwärts
Leistung als Zugmaschine:	
	bis 15 Tonnen bei 3% Steigung
	bis 10 Tonnen bei 5% Steigung
Leistung als Ackerschlepper:	
etwa 1 Morgen Saatfurche stdl. bei mittl. Boden	

Riemenscheibe mit Zapfwelle, Zusatzgreifer, Führerhaus bezw. Dach als Zusatzlieferungen auf Wunsch gegen Mehrpreise.

Länge	2300 mm	Spurweite	1250 mm
Breite	1450 „	Radstand	1550 „
Höhe	1400 „	Innerer Wenderadius	1,4 m
Gewicht	1600 kg		

O&K

Der neue vielseitige

DIESEL-KOMPRESSOR-SCHLEPPER

System Ochel · In- und Auslandspatente angemeldet
Der große Fortschritt für Bauwirtschaft und Industrie

zugleich **Schlepper,**
Kompressor,
Schweiß-,
Schneid-,
Lichtaggregat

Leistung des Motors 32 PS. Kein angebauter Kompressor.

O&K

ORENSTEIN & KOPPEL A.-G.

BERLIN · DORTMUND · BOCHUM · FRANKFURT-MAIN · HAMBURG · KÖLN · MÜNCHEN · STUTTGART

Der O & K-Diesel-Kompressor-Schlepper

stellt etwas ganz Neuartiges dar. Er ist in seinen 4 verschiedenen Eigenschaften als

1. **Diesel-Schlepper**
ein modernes, leistungsfähiges, zuverlässiges Straßenfahrzeug in rahmenloser Bauart, Leistung 32 PS bei 1500 U/Min., Getriebe ZF A-15, Vorderachse gefedert, 5 Vorwärtsgänge und 1 Rückwärtsgang.

Motor:
Zweizylindriger Viertakt-Dieselmotor mit V-förmiger Anordnung der Zylinder. Er arbeitet nach dem Wirbelkammerverfahren und zeichnet sich durch leichtes Anspringen, selbst bei Kälte, aus. Die V-Anordnung der Zylinder gestattet eine einfach gekröpfte Kurbelwelle, die eine größere Lebensdauer hat, weil Kurbelwellenbrüche infolge Schwingungserscheinungen ausgeschlossen sind. Dank der fortschrittlichen Konstruktion des O & K-Diesel-V-Motors zeichnet sich der Schlepper durch ruhigen Lauf aus.

Kupplung:
Einscheiben-Trockenkupplung

Lenkung:
Bewährte Ross-Lenkung

Bremsen:
Hand- und Fußbremse

Elektrische Ausrüstung:
12 Volt Anlage mit Bosch-Lichtmaschine, Anlasser und Batterie

Bereifung:
Vorn 6,00 — 16 extra, hinten 9,00 — 24 AS

Geschwindigkeit:
3,5; 5,6; 8,0; 11,6; 19,9 km/h

2. **Diesel-Kompressor**
Er ersetzt eine besondere Kompressoranlage und liefert Druckluft zum Betreiben von Werkzeugen aller Art, wie Aufbruchhämmer, Meißel, Schleifmaschinen, Sandstrahlgebläse, Farbspritzen usw.
Der technische Vorgang ist folgender:
Bei laufendem Motor wird durch einfaches Umschalten eines Hebels und Öffnen eines Ventils ein Zylinder von den beiden Zylindern des Motors vom Diesel-Betrieb auf Preßluftbetrieb umgestellt.
Sicherungsvorrichtungen verhindern Fehlbedienung beim Umschalten. Die Ansaugeleistung des Kompressorzylinders beträgt 1,6 cbm / Min. bei einem Druck von 6 atü. Windkessel und automatische Regulierung verhindern nicht nur einen höheren Druck, sondern sorgen für die Einhaltung des Druckes von 6 atü. Bei Beendigung des Preßluftbetriebes kann die Maschine nach Betätigung der entsprechenden Hebel wieder als Schlepper von 32 PS benutzt werden.

3. **Diesel-Schweiß- und Brennapparat**
Durch ein eigens für diesen Zweck entwickeltes Aggregat, welches eine Leistung von 9 KW hat, können bis 5 mm Elektroden einwandfrei verschweißt werden.
Außerdem können mit diesem Aggregat unter Verwendung der neuen Arcos-Oxyarc-Schneidelektroden Stahlplatten bis zu 40 mm Stärke zerschnitten werden. 2 Sauerstofflaschen, die auf dem Schlepper angebracht sind, sind hierfür die nötigen Hilfsmittel.

4. **Diesel-Stromerzeuger**
Das Schweißaggregat ist so ausgelegt, daß es eine Spannung von 60 Volt hergibt. Mit dem Genauigkeitsregler des Motors ist es möglich, die Anlage als selbstfahrendes Lichtaggregat zu benutzen, zur Beleuchtung von Baustellen, Veranstaltungen im Freien und zu anderen Zwecken. Es können gut 50 Stück 100 W Lampen mit einer Spannung von 60 Volt angeschlossen werden (60 Volt-Lampen sind handelsüblich). Die Anlage liefert gleichbleibendes und flackerfreies Licht. Sie kann in wenigen Minuten montiert werden.

Werkzeuge
Werkzeuge für Preßluft- und Schweißbetrieb sind zum Schlepper vorgesehen. Sie werden in 2 Werkzeugkästen über den Kotflügeln untergebracht.

Seilwinde
Das Triebwerk des Schleppers ist so ausgebildet, daß eine speziell entwickelte Seilwinde mit einer Zugkraft von 3 to angebracht werden kann. Die Winde hat eine zusätzliche Bremse zum Herablassen von Last, kann also Last horizontal und vertikal bewegen.

Der O & K Diesel-Kompressor-Schlepper füllt somit eine beachtliche Lücke, insbesondere in der Bauwirtschaft. Er ist ein interessantes und vielseitiges Arbeitsgerät und ein vollwertiger, leistungsfähiger Straßenschlepper. Bitte, fordern Sie genaues Angebot mit unserem ausführlichen Prospekt an!

ORENSTEIN & KOPPEL A.-G.

Geschäftsstellen: Berlin SW 61, Tempelhofer Ufer 23-24, Ruf 66 34 11 / Dortmund, Bornstr. 331, Ruf 2 39 78 Frankfurt-Main, Guiollettstr. 17, Ruf 7 54 78 / Hamburg 36, Gänsemarkt 35, Ruf 34 58 54 / Köln, Neumarkt 32-34 Ruf 7 26 28 / München, Schwanthaler Str. 51, Ruf 2 23 28 / Stuttgart, Wolframstr. 50, Ruf 9 15 36
Export durch: O & K - Export G m b H., Bochum, Drusenbergstraße 14, Fernsprecher: 6 39 68

PISTORIUS

ALLEINHERSTELLER:

HEINRICH PISTORIUS

(20b) KÖNIGSLUTTER AM ELM

FERNSPRECHER 330

REFERENZEN STEHEN AUF WUNSCH ZUR VERFÜGUNG!

Herm. Jacobasch Brschwg.

„PISTORIUS"

Motorvorderwagen mit Dieselmotor und 2-Gang-Getriebe

Die ideale Zugmaschine für Hack- und Drillmaschine, Düngerstreuer, Vielfachgerät, Walze, Pferderechen, Egge, Baumspritze und vieles andere.

GROSS in der Leistung
BILLIG im Verbrauch
KINDERLEICHT zu bedienen!

TECHNISCHE DATEN

Motor:	5 PS		10 PS	
Viertakt-Diesel	für Düngerstreuer bis 3 m für Drillmaschine bis 2 m für Hackmaschine bis 2,5 m für Vielfachgerät, 2reihig		für Düngerstreuer bis 4 m für Drillmaschine bis 3 m für Hackmaschine bis 3 m für Vielfachgerät, 2reihig	
Spurbreite:	Verstellbar von 1 m auf 1.88 m		Verstellbar von 1,25 m auf 2,25 m	
Sitzbreite:	Nicht verstellbar		Verstellbar von 2 m bis 3 m 1 Seite abnehmbar	
Bremse:	Mechanische Einzelrad-abbremsung		Mechanische Einzelrad-abbremsung	
Bereifung:	4,00 – 19	5,00 – 17	5,00/5,25 – 17	6,50 – 20 AS
Geschwindigkeit:				
1. Gang:	3,8 km	3,9 km	4 km	4,9 km
2. Gang:	5,9 km	6 km	6 km	7,5 km
Preis:	DM 2600.–	DM 2648.–	DM 3400.–	DM 3531.60
Brennstoffverbr.:	ca. 0,8 Ltr. pro Stunde		ca. 1 Ltr. pro Stunde	
Gewicht:	550 kg		875 kg	

PORSCHE - DIESEL
Master
50 PS SCHLEPPER, 4-ZYLINDER, LUFTGEKÜHLT
Der Großschlepper für Land- und Forstwirtschaft, Industrie und Baugewerbe. Ölhydraulische Kupplung, veränderliches Gewicht, Getriebezapfwelle abschaltbar, durch Doppelkupplung als Motorzapfwelle verwendbar.
PORSCHE-DIESEL-MOTORENBAU GMBH FRIEDRICHSHAFEN A.B.

Der MASTER ist die Maschine für große Flächenleistung. Hier arbeitet er mit einem 4-Schar-Anhänge-Beetpflug.
Der MASTER mit einer schweren, zapfwellengetriebenen Pick-up-Ballenpresse im hängigen Gelände.
Seine besondere Eignung zeigt der MASTER beim Antrieb großer Mähdrescher.

Master

Der PORSCHE-DIESEL MASTER gehört zur Sonderklasse der PORSCHE-DIESEL-Schlepper. Er wurde für die größten Leistungsansprüche landwirtschaftlicher Betriebe entwickelt; außerdem für den Bedarf in der Forstwirtschaft, in der Industrie und im Baugewerbe. Mit ihm können große Flächenleistungen auch unter den schwierigsten Verhältnissen erzielt werden.

Der MASTER gehört in die Baukastenreihe, in der die Normteile des Motors zu 87% untereinander austauschbar sind.

Seine Überlegenheit zeigt er bei schweren Transporten durch hohe Zugleistungen. Beim MASTER wirkt sich die ölhydraulische Kupplung besonders günstig aus, die beim Anfahren schwerer Lasten und bei plötzlich auftretenden Stößen die Maschine gegen Überlastungen und Bruch sichert. Der MASTER hat deshalb geringen Verschleiß, eine hohe Lebensdauer und geringe Betriebskosten. Er besitzt hinten eine Getriebezapfwelle, die bei Betätigung der Zweistufenkupplung als Motorzapfwelle weiterläuft. Vorn sitzt eine 2. Motorzapfwelle.

Der MASTER ist formschön und bietet hohen Fahrkomfort. Die serienmäßig eingebaute Zweistufenkupplung gestattet das Anhalten des Schleppers bei weiterlaufender Zapfwelle und die Übertragung des vollen Drehmomentes auf die angehängte Maschine.

TECHNISCHE DATEN

Motor: PORSCHE-DIESEL, 4-Zylinder, Viertakt, luftgekühlt stehend in Reihe angeordnete Zylinder, Leistung 50 PS, Nenndrehzahl 2000 U/min., Hubraum 3289 ccm, elektrische Anlaßvorrichtung.

Kühlung: Luftkühlung durch Radialgebläse, vom Fahrersitz aus regulierbar, Temperaturanzeige durch Fernthermometer und Warnton beim Überschreiten der zulässigen Temperaturgrenze.

Getriebe: Zahnradwechselgetriebe mit 7 Vorwärtsgängen und 1 Rückwärtsgang.

Geschwindigkeit:

1. Gang	2,1 km/h	5. Gang	8,7 km/h
2. Gang	3,3 km/h	6. Gang	12,5 km/h
3. Gang	4,9 km/h	7. Gang	19,5 km/h
4. Gang	6,3 km/h	1. Rw.-Gg.	4,0 km/h

Kupplung: Zweistufen-Trockenkupplung und ölhydraulische Strömungskupplung.

Zapfwellen: Keilwellen nach DIN 9611, Form A. Motor- und Getriebezapfwelle mit 550 U/min. bei Motordrehzahl 2000 U/min. Motorzapfwelle vorn abschaltbar, Drehzahl 1000 U/min. bei Nenndrehzahl des Motors.

Riemenscheibe: Auf Getriebezapfwelle aufsteckbar, bei Verdrehung um 180° für Rechts- und Linksantrieb verwendbar, Durchmesser 3000 mm, Breite 190 mm. Drehzahl bei Nenndrehzahl des Motors 1230 U/min=19,3 m/sec. Riemengeschwindigkeit.

Anhängerkupplung: vorn starr, hinten höhenverstellbar.

Maße und Gewichte bei Bereifung 13-30:

Länge	3650 mm	geringste Bodenfreiheit	440 mm
Höhe	1870 mm	Spurweite	1500 mm
(Normalspur)		Eigengew. ohne Zusatzgew.	2450 kg
Breite	1865 mm	bei vollem Tank und fester Ackerschiene.	
Radstand	2465 mm		

Sonderausrüstung: Kraftheber mit Dreipunktgestänge, Riemenscheibe, Schnellgang-Getriebeausführung.

— Angaben gemäß derzeitigem Stand, Änderungen vorbehalten —

PORSCHE-DIESEL

MOTORENBAU GMBH · FRIEDRICHSHAFEN a. B.
Telefon 3801 · Fernschreiber 732 334 · Telegr.-Adresse: Porschediesel

Überreicht durch:

PD 130/1/59/100 D — Printed in Germany

Der

Bauern-Universal-Trecker

ist die unentbehrlichste Arbeitsmaschine
für jeden Landwirt

Geringe
Unterhaltungs-
kosten

Immer
gebrauchs-
fertig

Brennstoffverbrauch pro Std. nur 15-25 Pfg.

Leichte Bedienung
Zweckmäßige Bauart

Beachten Sie umstehende Zeugnisse

Trecker bei der Pflugarbeit

Trecker mit gewöhnlichem Pflug. Ansicht von hinten

Aufstellung der Trecker, die seit Jahren in der Nähe des Tegernsees (Ob.-Bayern) arbeiten

Trecker mit Ackerwalzen

Trecker mit Binder durch Zapfwelle angetrieben

Der unentbehrliche Helfer in der Landwirtsc

Trecker mit Schwadrechen

Trecker mit Düngerstreuer

Diese Maschinen werden für alle landw. Arbeiten, besonders auch für Jaucheverteilung, mittels Druckpumpen benutzt

Trecker mit gewöhnlichem Pflug. Ansicht von vorn

Trecker beim Antrieb der Kreissägen

ist der Bauern-Universal-Trecker „Westfalia"

Montagehalle:

Hier ist die Fabrikation der Bauern-Universal-Trecker „Westfalia" in Fließarbeit zu sehen

Beschreibung

Den vielfach geäußerten Wünschen nach einem Diesel-Universal-Trecker, der mit billigen Triebstoffen betrieben werden kann, entspricht vorstehende Maschine in hervorragendem Maße.

Die Bauart der Maschine ist sehr kräftig und zweckentsprechend, der Rahmen ist aus „Stahl", die Lagerstellen sind mit reichlich bemessenen Rollen-, resp. Kugel- und Edelbronzelagern versehen.

Das Stahl-Differentialgetriebe ist mit Sperrung versehen und von sehr kräftiger Ausführung; die Zähne der Räder sind aus dem Vollen gearbeitet.

Ferner besitzt die Maschine eine Sicherheitsrutschkupplung, die im direkten Antrieb der Kurbelwelle für die Betätigung des Messers eingebaut ist.

Die Dieselmotoren haben eine sehr hohe Durchzugskraft und werden gegen Mehrpreis mit Zapfwellenantrieb für Bindemäher von 5—6 Fuß Breite versehen.

Der Triebstoffverbrauch liegt bei ca. 15 bis 25 Pfennig pro Stunde bei Zollvergünstigung. Die Maschine mäht, zieht, treibt, pflügt, drischt usw., kann also für fast alle beim Landwirt vorkommenden Arbeiten benutzt werden.

Die Geschwindigkeiten der einzelnen Gänge liegen normal bei 4, 6 und 8 km pro Stunde, können aber durch Einbau eines größeren Kettenrades bequem erhöht werden auf 15 bis 20 km pro Stunde, jedoch muß dann die Maschine mit Luftreifen versehen sein.

Es ist soeben eine Ladung Bauern-Universal-Trecker „Westfalia" angekommen

Vorratshalle:
Ein großer Vorrat an Diesel-Motoren gestattet, auch großen Lieferungsanforderungen gerecht zu werden

Das Ganggetriebe hat drei Vorwärtsgänge und einen Rückwärtsgang.

Der Messerbalken hat eine Arbeitsbreite von $4^1/_2$ Fuß, evtl. auch 5 Fuß.

Die Bremse ist eine kombinierte Hand- und Fußbremse, welche durch das Differentialgetriebe auf beide Räder wirkt.

Auf normalen Kunststraßen zieht die 9-PS-Type bequem ca. 80 Zentner, die 14-PS-Type ca. 120 Zentner Last bei 15 km pro Stunde. Die Zughakenkräfte liegen bei etwa 350 kg und 500 kg.

Die Motorwelle der 9-PS- und der 14-PS-Maschine macht ca. 1300 Umdr.-Min.; sie ist ausgerüstet mit 2 schweren Schwungrädern von ca. 600 mm resp. 650 mm Durchmesser und einer Riemenscheibe von 250 mm resp. 320 mm Durchmesser und 180 mm resp. 270 mm Breite. Gegenscheibe 70 mm resp. 88 mm Durchmesser und 100 mm Breite zum Antrieb von langsam laufenden Landmaschinen wie Häckselmaschinen, Rübenschneider, Pumpen usw.

Außenmaße:

Länge der Maschinen . . .	ca. 2.60 m	9 PS
Breite der Maschinen . . .	ca. 1.50 m	
Höhe der Maschinen . . .	ca. 1.50 m	
Länge der Maschinen . . .	ca. 2.80 m	14 PS
Breite der Maschinen . . .	ca. 1.60 m	
Höhe der Maschinen . . .	ca. 1.60 m	

Die Maschinen sind für die Landwirtschaft steuer- und führerscheinfrei. Bei der Verwendung im Gewerbebetrieb beträgt die Steuer pro Monat ca. RM 10.00 je nach Ausrüstung der Maschine. Brennstoffverbrauch beider Maschinen für ca. 15—25 Pfg. pro Stunde.

„Bosch"-Lichtanlage am Trecker mit Antrieb, Scheinwerfern, Batterien, „Bosch"-Signal und Schaltgestänge zum Führersitz

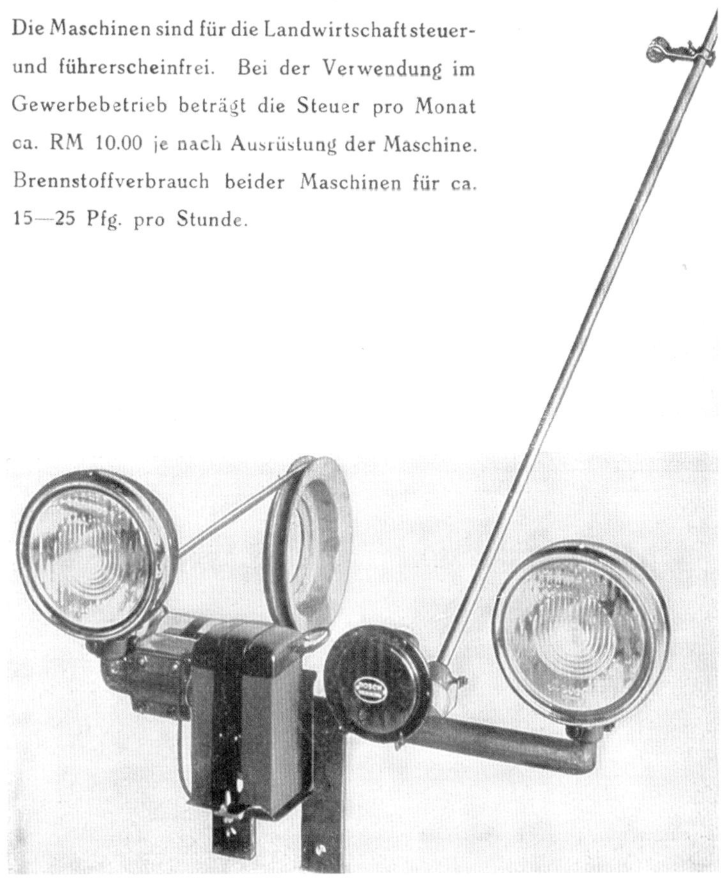

Eisenbahn-Versand von Bauern-Universal-Treckern „Westfalia"

Preise ab Werk:

Bauern-Universal-Trecker mit Differentialsperre m. 9-PS-Dieselmotor m. $4^{1}/_{2}$' Normal-, Doppel-Tiefschnittbalken oder Dreispitz-Scherenschnittbalken einschl. 2. Sitz, 2 Riemenscheiben, 4 Messern, 2 Treibstangen und Werkzeug, mit Gelände-Luftbereifung vorn 4.00/19, hinten 6.00/20 (Gewicht ca. 1200 kg) . . RM 2 975.—

Dieselbe Maschine ohne kompl. Mähvorrichtung, ohne Messer und ohne Treibstange . . . . RM 2 800.—

Zwillingsfelgen mit Gelände-Luftreifen 6.00/20 für Hinterräder, für ungünstige Bodenverhältnisse . . Mehrpreis RM 250.—

Mit Großvolumenreifen, wie nebenstehend . . . . . Mehrpreis RM 150.—

Bauern-Universal-Trecker mit Differentialsperre mit 14-PS-Dieselmotor mit $4^{1}/_{2}$' Balken wie nebenstehend, Zahnrädergetriebe geschlossen im Oelbad und nebenstehendem Zubehör mit Großvolumen-Spezial-Kleintrecker-Reifen, vorn 5.00/19, hinten 8.00/20 (Gewicht ca. 1400 kg) . . . . RM 3 575.—

Dieselbe Maschine ohne kompl. Mähvorrichtung ohne Messer und ohne Treibstange . . . . RM 3 400.—

Zwillingsfelgen mit vorstehenden Reifen für Hinterräder, für ungünstige Bodenverhältnisse . . . . Mehrpreis RM 400.—

Zapfwelle für Getreidebinder einschl. der Teile, welche am Binder montiert werden müssen . . . . Mehrpreis RM 200.—

Handablage für Getreidemähen . . . . Mehrpreis RM 55.—

Kotflügel für Hinterräder . . . . Mehrpreis RM 90.—

1 Satz (2 Stück) Belastungsgewichte (in Hinter- und Vorderrädern verwendbar) RM 50.—

„Bosch"-Lichtanlage kompl. mit spannungsregulierender Lichtmaschine, 6 Volt, 45 Watt und 2 Scheinwerfern 150 mm ∅ mit je 1 Bilux-Standlichtlampe . . . . Mehrpreis RM 180.—

Desgl. mit Batterie, 10 Ampèrestunden und 6-Volt-„Bosch"-Signal . Mehrpreis RM 220.—

Werden billigere Lichtanlagen gewünscht, so sind diese ab RM 125.— zu liefern

---

Primus Traktoren Gesellschaft m. b. H.

BERLIN-LICHTENBERG

Herzbergstraße 68-70

Telefon: Sammel-Nummer E 5 Lichtenberg 5391

E. HOLTERDORF, OELDE I. W

REINHOLD MATTHIASS · MASCHINENFABRIK · ERFURT

Technische Daten

	Modell DSA. 14/8	Modell DSA. 22/17
Motor:	2 Zylinder, 12/14 PS	2 Zylinder, 20/22 PS
Geschwindigkeiten:	3,2; 4,9 und 7,9 km	4,5; 6,5; 10,5 und 17 km
Gewicht:	ca. 1100 kg	ca. 1500 kg
Achsenabstand:	1400 mm	1550 mm
Spurweite:	1200 mm	1400 mm
Größte Breite:	1450 mm	1650 mm
Bereifung vorn:	5.25 — 16″	5.25 — 17″
Bereifung hinten:	6.5 — 20″ Geländereifen	8.00 — 20″ Ackerluftspezialreifen
Zubehör:	Kotflügel für Hinterräder, Anhängevorrichtung für Ackergeräte sowie für Anhänger.	
	ohne elektr. Beleuchtung und elektr. Glühzündung . . . . **RM. 3600,—**	mit elektr. Beleuchtung und elektr. Glühzündung . . . . **RM. 4500,—**

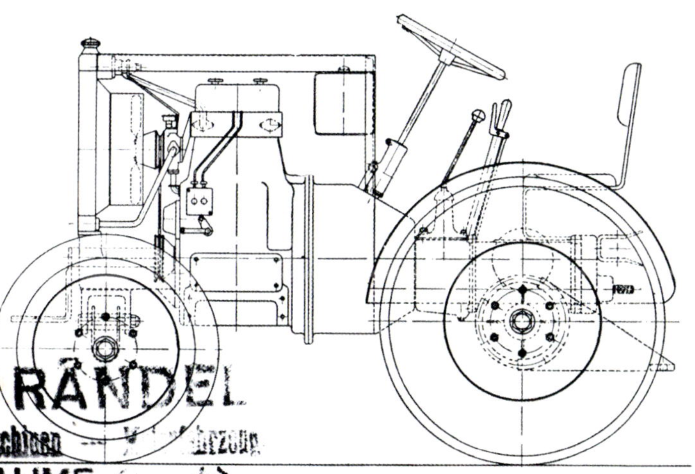

Der Schlepper ist mit ausrückbarer Riemenscheibe, Zapfwelle und Mähbalkenantrieb lieferbar und betragen die Mehrpreise hierfür:

für den stationären- und Zapfwellenantrieb mit Riemenscheibe **RM. 225,—**

für den Mähbalkenantrieb einschl. Mähmesser **RM. 300,—**

Mehrpreis für elektr. Beleuchtung und elektr. Glühzündung bei Modell DSA 14/8 **RM. 100,—**

Vorstehende Preise verstehen sich ab Fabrik Erfurt unter Zugrundelegung meiner Lieferungsbedingungen.

Konstruktionsänderungen vorbehalten.

Schlag-Druck-Erfurt

Technische Beschreibung des Reima-Ackerschleppers

Antriebsmotor
MWM-Patent-Dieselmotor, Schleppertype der Motoren-Werke Mannheim AG., vorm. BENZ, im Viertaktprinzip arbeitend, Kurbelwelle kugelgelagert, Drehzahlverstellung vom Führersitz aus, staubdicht gekapselte Ventile, auswechselbare Zylinderbuchsen, Spezialluftfilter.

Kühlung
Umlaufkühlung durch Lamellenkühler in Verbindung mit Wasserpumpe und Ventilator.

Kupplung
Einscheiben-Trockenkupplung, in geschlossenem, angeblockten Gehäuse, besonders starke Ausführung.

Schaltgetriebe
Spezialausführung, in stabilem Gehäuse, 3 Vorwärtsgänge bzw. 4 Vorwärtsgänge, 1 Rückwärtsgang, mit dem Differentialgehäuse und dem Kupplungsgehäuse zu einem geschlossenen, rahmenlosen Aggregat verbunden, Zahnräder aus hochwertigem Einsatzstahl, geräuschlose Kugelschaltung.

Differentialgetriebe
Schneckenantrieb durch höchsten Wirkungsgrad und geräuschlosen Gang bewährt, Schnecke aus hochwertigem Stahl, auf Rollenlagern drehend, sämtliche Teile im Ölbad laufend.

Hinterachse
Stabile Ausführung, verwindungsfrei an das Differentialgetriebe montiert, Steckachsen in kräftigen Kugellagern drehend.

Vorderachse
Pendelachse, in stabiler Ausführung, bzw. Parallelogrammschwinghebelachse, mit großem Einschlag, Räder auf Rollenlagern drehend.

Lenkung
Nachstellbare Schneckenlenkung, in der Mitte angebracht, großes Steuerrad.

Bremsen
Stabiler Handbremshebel auf innenliegende Getriebebremstrommel, bzw. Fußbremse auf die hinteren Räder wirkend.

Der vollkommene Ackerschlepper
Die wirtschaftliche Antriebsmaschine der Landwirtschaft
Billig in Betrieb und Haltung

Wendig und von großer Zugleistung, mit Schneckenraddifferential elektr. Glühzündung und kompletter Boschanlage

RITSCHER-SCHLEPPER TYP „320"

Die Maschine Typ „320" stellt eine Weiterentwicklung der bewährten Type „N 20" dar. — Unsere in Amerika mit Dreirad-Schleppern gemachten Erfahrungen und ihre dortige Beliebtheit lassen uns zu der Erkenntnis kommen, daß auch der deutschen Landwirtschaft mit unseren Konstruktionsprinzipien am besten gedient ist.

Motor: 22/24 PS MWM-Motor KD 215 z.

Bereifung: vorn 6.50—16, hinten 8.00—20 bzw. 9.00—24.

Getriebe: Ritscher-Spezial-Viergang-Getriebe.

Spurweite: verstellbar von 1220 bis 1800 mm

Geschwindigkeiten:

1. Gang	4,0 km	3. Gang	8,8 km	R.-Gang	2,9 km
2. Gang	5,6 km	4. Gang	20,0 km		

Bremsen: Fußbremse als Innenbackenbremse auf Hinterräder wirkend. Kann für jede Seite getrennt und auch gemeinsam bedient werden (Lenkbremse). Handbremse als Feststellbremse auf Getriebe wirkend.

Riemenscheibe: Lieferbar mit 160, 180 und 200 mm ⌀ 120 mm breit, 1500 Umdr./Min. Durch Hebel ein- und ausschaltbar.

Kupplung: Mecano-Einscheibenkupplung, Fabrikat Fichtel & Sachs.

Differentialsperre

Abmessungen: Länge über alles 2960 mm, größte Breite 1700 mm, größte Höhe 1800 mm, Radstand 1955 mm.

Gewicht: 1440 kg.

Brennstoffverbrauch: Durchschnittsverbrauch 1,7 bis 2 kg/std. aus der Praxis.

Lichtanlage: 75 Watt spannungsregulierende Lichtmaschine mit 2 Scheinwerfern und Schlußlichtern.

Preis: Ab Werk Sprötze (Kr. Harburg) DM

SONDERAUSRÜSTUNGEN

Zapfwelle: Anordnung Mitte hinten. Drehzahl 540/Min. Ein- und ausschaltbar durch Fußhebel.

Mähbalken: Antrieb von Zapfwelle aus. Aufzugwerk und Schneidwerk leicht abnehmbar. Mit automatischer Ausschaltung und Sperrung gegen ungewolltes Einschalten bei angehobenem Schneidwerk.

Anhängevorrichtungen: Außer der normal vorgesehenen Schiene, den Anhängeaugen für Hackgeräte und dem Kupplungsmaul für Einachsenanhänger ist lieferbar eine verlängerte Anhängekupplung für Vierradwagen, ferner die Anschlußmöglichkeit für Anbaupflüge.

Führerhaus: Ergänzungsaufbau zum normal gelieferten Schutzunterbau mit notwendiger Zusatzausrüstung zur elektrischen Lichtanlage, Winkern usw.

Karl Ritscher G.m.b.H. · Sprötze/Kreis Harburg · Telefon Buchholz 461

RITSCHER-DIESEL-SCHLEPPER TYP „420"

Neben dem bewährten Dreiradschlepper fertigen wir nunmehr auch unseren Vierradschlepper, Typ „420". Folgende Vorzüge zeichnen dieses Modell aus: Hochgekröpfte Vorderachse mit ca. 50 cm Bodenfreiheit — Lenkmechanismus, ölgekapselt mit hochgelagerten Steuerungsteilen — auch die Vorderachse ist in der Spur verstellbar von 1250 mm bis 1800 mm — die Qualität, die Wendigkeit und der geringe Verbrauch wie bei unserem seit 12 Jahren bekannten Dreiradschlepper.

Motor: 22/24 PS MWM-Motor KD 215 z
Bereifung: vorn 5.50—16, hinten 9.00—24

Getriebe: Ritscher-Spezial-Viergang-Getriebe
Spurweiten: verstellbar von 1250 bis 1800 mm

Geschwindigkeiten:

1. Gang	4,0 km	3. Gang	8,8 km	R.-Gang	2,9 km
2. Gang	5,6 km	4. Gang	20,0 km		

Bremsen: Fußbremse als Innenbackenbremse auf Hinterräder wirkend. Kann für jede Seite getrennt und auch gemeinsam bedient werden. (Lenkbremse). Handbremse als Feststellbremse auf Getriebe wirkend.

Riemenscheibe: 200 mm ⌀ 120 mm breit, 1500 Umdr./Min. Durch Hebel ein- und ausschaltbar.

Kupplung: Mecano-Einscheibenkupplung, Fabrikat Fichtel & Sachs.

Differentialsperre

Abmessungen: Länge 2730 mm, größte Breite 1700 mm, größte Höhe 1800 mm, Radstand 1735 mm.

Gewicht: 1550 kg

Brennstoffverbrauch: Durchschnittsverbrauch 1,7 bis 2 kg/std. aus der Praxis.

Lichtanlage: 75 Watt spannungsregulierende Lichtmaschine mit 2 Scheinwerfern und Schlußlichtern.

Preis: Ab Werk Sprötze (Kr. Harburg) DM

SONDERAUSRÜSTUNGEN

Zapfwelle: Anordnung Mitte hinten. Drehzahl 540/Min. Ein- und ausschaltbar durch Fußhebel.

Mähbalken: Antrieb von Zapfwelle aus. Aufzugwerk und Schneidwerk leicht abnehmbar. Mit automatischer Ausschaltung und Sperrung gegen ungewolltes Einschalten bei angehobenem Schneidwerk.

Anhängevorrichtungen: Außer der normal vorgesehenen Schiene, den Anhängeaugen für Hackgeräte und dem Kupplungsmaul für Einachsenanhänger ist lieferbar eine verlängerte Anhängekupplung für Vierradwagen, ferner die Anschlußmöglichkeit für Anbaupflüge.

Führerhaus: Ergänzungsaufbau zum normal gelieferten Schutzunterbau mit notwendiger Zusatzausrüstung zur elektrischen Lichtanlage, Winkern usw.

Karl Ritscher G.m.b.H. · Sprötze / Kreis Harburg · Telefon Buchholz 461

Ritscher

Graben-Reiniger

KARL RITSCHER GMBH · TRAKTORENWERK · HAMBURG

Telefon: Trelde 161 — **Hauptverwaltung Sprötze, Kreis Harburg** — F.-S. 021 2580

Der Ritscher-Grabenreiniger ist ein Zusatzgerät zu unserem speziell hierfür entwickelten 40 PS Dieselschlepper mit Anbauraupen, kann aber auch an geeignete Traktoren anderen Fabrikats angebaut werden, wobei das Vorhandensein von Anbauraupen wünschenswert ist zwecks Erreichung einer großen Auflagefläche und Herabsetzung der Geschwindigkeiten.

Der Anbau des Ritscher-Grabenreinigers ist nur möglich an Maschinen mit einer niedrigsten Geschwindigkeit von ca. 0,3 km/std. Vollraupenschlepper eignen sich nicht zum Anbau, weil ein gerades Steuern bei dem seitlich ausgebauten Gerät nicht möglich ist. Vorläufig ist der Ritscher-Grabenreiniger lieferbar für den Ritscher-Spezialschlepper 40 PS und den Fordson Major Dieseltraktor mit Roadless Half Tracks.

Die Schnecke des Grabenreinigers hat die Aufgabe, den Graben auszufräsen, indem sie das Erdreich und evtl. vorhandenes Kraut zerschneidet und mit Wasser oder Schlamm gemischt nach oben fördert.

Am oberen Ende der Schnecke befindet sich eine Schleuderschaufel, welche die nach oben geförderte Masse erfaßt und durch einen Auswurftrichter auf die Grabenböschung schleudert. Die Schnecke ist derart mit dem Schlepper verbunden, daß sie auf verschiedene Tiefen und Böschungswinkel des Grabens eingestellt werden kann.

Die Neuherstellung von Gräben ist nur dann möglich, wenn vorher kleinere Gräben vorgepflügt werden, in die Wasser eingeleitet werden kann. Auch die Verbreiterung und Vertiefung kleiner Gräben ist mit der Maschine möglich.

Beim Transport von und nach der Arbeitsstätte wird die ganze Schneckeneinrichtung mittels Winde hochgezogen und kann derart um die Antriebswelle gedreht werden, daß dieselbe nicht über die normale Breite des Schleppers hervorragt. Die Tiefeneinstellung und die Aushebung erfolgt durch eine Seilwinde, während die Schrägstellung der Schnecke durch eine Spindel bewirkt wird.

Arbeitsweise

Der Ritscher-Grabenreiniger wird durch den Schlepper im Kriechgang an der Grabenkante entlang bewegt. Die Geschwindigkeit richtet sich nach Bodenart und Beschaffenheit des Grabens.

*

Je nach Schrägstellung der Schnecke bleibt zwischen Schlepper und Grabenkante 1—1,50 m Entfernung frei. Die in den Graben hineingesenkte schnellaufende Frässchnecke beschneidet die eine Grabenkante und saugt Kraut und Schlamm etc. gleichzeitig aus dem Graben.

Um Gräben vollständig zu reinigen, muß der Reiniger an beiden Grabenkanten entlang arbeiten. Gräben bis 1,50 m obere Breite werden in 2 Arbeitsgängen gereinigt, während breitere Gräben bis zu 3 m obere Breite 3 bzw. 4 Arbeitsgänge erfordern. Die Bedienung kann je nach Beschaffenheit der Böden von einem oder zwei Mann erfolgen.

*

Schnurgerade Gräben fährt man, indem an die Enden der Gräben Richtstangen gesteckt werden. Der Auswurf wird je nach den Erfordernissen vollkommen über das ganze Stück verteilt oder auch kurz an den Grabenböschungen abgelegt, wo diese vom Vieh weggetreten sind.

*

Die Leistung des Reinigers ist abhängig von der Art des Bodens und dem Böschungszustand wie auch von der Grabenlänge. Die praktisch erreichbaren Leistungen liegen zwischen 3000 und 6000 m pro Tag und Arbeitsgang.

*

50 gut ausgebildete Handarbeiter sind nötig, um in der gleichen Zeit die Leistung der Maschine zu erreichen. Die Kosten betragen nur einen Bruchteil der Handarbeitskosten.

Graben beim zweiten Arbeitsschnitt

Technische Daten

DES RITSCHER-GRABENREINIGERS GR 540

Motor: 40-PS-MWM-Diesel-wassergekühlt oder 45-PS-Deutz-Diesel-luftgekühlt

Getriebe mit folgenden Geschwindigkeiten:

Zum Grabenreinigen:	für Transport:
0,35 km/Stunde	1,8 km/Stunde
0,57 "	2,00 "
0,63 "	2,85 "
0,82 "	3,5 "
1,00 "	6,3 "

Gesamtgewicht:		3.925 kg
in Transportstellung:	vorn	755 kg
	hinten	3.170 kg
Belastung der Raupe in Arbeitsstellung:	rechts	2.090 kg
	links	1.230 kg

Der Grabenreiniger ist mit Differentialsperre versehen.

Länge	4045 mm	Spur	1430 mm	Lieferbare Schneckenlängen:
Breite	1830 mm	Radstand	2310 mm	1,60 m normal
Höhe	2500 mm	Bodenfreiheit	450 mm	2,00 m für tiefere Gräben
		Raupenbreite, links	300 mm	
		" rechts	500 mm	

RÖHR
RÖHR

RÖHR

15 PS DIESEL-SCHLEPPER

Typ 15 R
und Typ 15 RH (Allzweck)

die universelle, moderne und formschöne Zugmaschine für kleinere landwirtschaftliche Betriebe.

TECHNISCHE EINZELHEITEN:

Bauart: Rahmenlose Blockkonstruktion.

Motor: Stehender Einzylinder-Viertakt-Dieselmotor, 15PS Dauerleistung b. 1600 U/min., Hubvolumen 1180 ccm, verchromte, auswechselbare Zylinderlaufbüchse, Zahnradumlaufschmierung, Öldruckmanometer u. Spaltfilter, automatische Schmierung der Kipphebel u. Ventile, Wasserumlaufkühlung, Kühler m. Kühlerverkleidung, Ölbadluftfilter.

Getriebe: In Ölbad laufendes robustes Zahnradgetriebe mit 5 Vorwärtsgängen, 1 Rückwärtsgang und folgenden Fahrgeschwindigkeiten:

1. Gang	3,35 km/Std.	4. Gang	11,84 km/Std.
2. Gang	5,57 km/Std.	5. Gang	20,00 km/Std.
3. Gang	8,11 km/Std.	Rückwärtsgang	3,20 km/Std.

(durch verschiedene Hinterachsübersetzung gleich groß für Typ 15 R und Typ 15 RH).

Lenkung: Bewährte Schneckenlenkung.

Hinterachse: Zahnradantrieb über Ausgleichsgetriebe, Differentialsperre mit Fußbetätigung.

Vorderachse: Im Gesenk geschmiedete Stahlachse pendelnd aufgehängt.

Bremsen: Fußbremse nachstellbar auf Hinterräder wirkend als Fahr- und Lenkbremse, Handbremse feststellbar auf Getriebe wirkend.

Bereifung: Spezial-Ackerluftreifen,

bei Typ 15 R:	vorn 5,00 — 16	hinten 8,00 — 20
bei Typ 15 RH:	vorn 5,00 — 16	hinten 6,50 — 32

Ausrüstung: Zapfwelle mit Keilwellen-DIN-Profil 540 U/min., Riemenscheibe 220 mm ⌀, 140 mm breit, 1400 U/min., Mähantrieb, Kühlwasserthermometer, Kühlerjalousie, Anhängeschiene für Ackergeräte, Anhängekupplung vorn und hinten, vordere und hintere Kotflügel, Werkzeugkasten mit Zubehör.

Elektrische Anlage: 6 Volt Bosch-Anlage mit 2 Scheinwerfern, 2 Schlußlichtleuchten, Signalhorn, Batterie, Lichtmaschine und elektrischer Vorglühung.

Maße und Gewichte:	Typ 15 R	Typ 15 RH
Länge	2 450 mm	2 580 mm
Breite	1 500 mm	1 500 mm
Höhe	1 500 mm	1 600 mm
Radstand	1 600 mm	1 600 mm
Spurweite	1 250 mm	1 250 mm
Kleinster Wendehalbmesser	2 200 mm	2 200 mm
Bodenfreiheit	300 mm	400 mm
Eigengewicht	1 280 kg	1 350 kg
Tankinhalt	30 Ltr.	30 Ltr.

Kraftstoffverbrauch: ca. 1,5 Liter im Durchschnitt pro Stunde je nach Arbeitsleistung.

Zugleistung: Auf ebener, fester und trockener Straße maximale Anhängelast ca. 6 t bei 20 km/Std.

Auf Wunsch zusätzliche Ausstattung:
12 Volt Lichtanlage mit elektr. Anlasser, gefederte Vorderachse, verlängerte Ackerschiene, Mähwerk, 2 Seitensitze mit Chrombügel, Allwetterverdeck, Anbaukompressoren, Seilwinde, geschloss. Fahrerhaus, Klappgreifer, Belastungsgewichte, gefederte Anhängekupplung und gefederter Doppelpolstersitz.

(Technische Veränderungen bleiben vorbehalten)

2

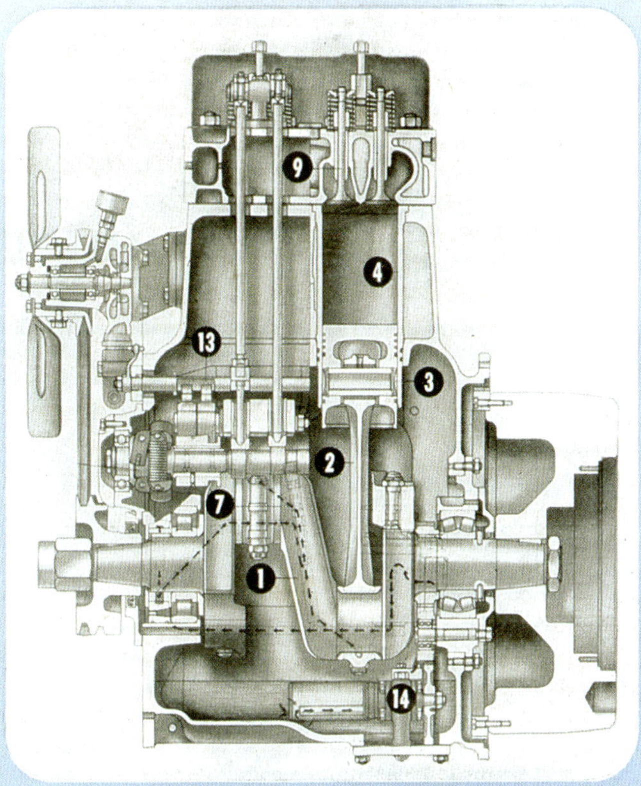

FORTSCHRITTLICH

Der vorbildliche Dieselmotor

UND SEIN ZUVERLÄSSIGES GETRIEBE

ZUVERLÄSSIG

RÖHR

5

RÖHR

28 PS DIESEL-SCHLEPPER

Typ 28 R

der mittelstarke, vielgefragte, neuzeitliche Schlepper für mittlere und größere landwirtschaftliche Betriebe.

TECHNISCHE EINZELHEITEN:

Bauart: Rahmenlose Blockkonstruktion.

Motor: Stehender Zweizylinder-Viertakt-Dieselmotor, 28 PS Dauerleistung b. 1500 U/min., Hubvolumen 2360 ccm, verchromte, auswechselbare Zylinderlaufbüchsen, Zahnradumlaufschmierung, Öldruckmanometer und Spaltfilter, automatische Schmierung der Kipphebel und Ventile, Wasserumlaufkühlung, Kühler mit Kühlerverkleidung, Ölbadluftfilter.

Getriebe: In Ölbad laufendes, robustes Zahnradgetriebe mit 4 Vorwärtsgängen, 1 Rückwärtsgang und folgenden Fahrgeschwindigkeiten:

1. Gang	3,20 km/Std.	4. Gang	19,10 km/Std.
2. Gang	6,10 km/Std.	Rückwärtsgang	2,50 km/Std.
3. Gang	10,30 km/Std.		

Lenkung: Bewährte Schneckenlenkung.

Hinterachse: Zahnradantrieb über Ausgleichsgetriebe, Differentialsperre mit Fußbetätigung.

Vorderachse: Im Gesenk geschmiedete Stahlachse pendelnd aufgehängt und gefedert.

Bremsen: Fußbremse nachstellbar auf Hinterräder wirkend als Fahr- und Lenkbremse. Handbremse feststellbar auf Getriebe wirkend.

Bereifung: Spezial-Ackerluftreifen, vorn 5,50 — 16, hinten 9,00 — 24

Ausrüstung: Zapfwelle mit Keilwellen-DIN-Profil 540 U/min., Riemenscheibe 230 mm ⌀, 140 mm breit, 1380 U/min., Mähantrieb, Kühlwasserthermometer, Kühlerjalousie, Anhängeschiene für Ackergeräte, Anhängekupplung vorn und hinten, vordere und hintere Kotflügel, 2 Seitensitze mit Chrombügel, Werkzeugkasten mit Zubehör.

Elektrische Anlage: 6 Volt Bosch-Anlage mit 2 Scheinwerfern, 2 Schlußlichtleuchten, Signalhorn, Batterie, Lichtmaschine und elektrischer Vorglühung.

Maße und Gewichte:

Länge	2750 mm	Kleinster Wendehalbmesser	2600 mm
Breite	1550 mm		
Höhe	1650 mm	Bodenfreiheit	300 mm
Radstand	1750 mm	Eigengewicht	1700 kg
Spurweite	1250 mm	Tankinhalt	30 Ltr.

Kraftstoffverbrauch: ca. 2,5 Liter im Durchschnitt pro Stunde je nach Arbeitsleistung.

Zugleistung: Auf ebener, fester und trockener Straße maximale Anhängelast ca. 12 t bei 19 km/Std.

Auf Wunsch zusätzliche Ausstattung:

12 Volt Lichtanlage mit elektr. Anlasser, verlängerte Ackerschiene, Mähwerk, Allwetterverdeck, Anbaukompressoren, Seilwinde, geschloss. Fahrerhaus, Klappgreifer, Belastungsgewichte, gefederte Anhängekupplung und gefederter Doppelpolstersitz.

(Technische Veränderungen bleiben vorbehalten)

MASCHINENFABRIK E. RÖHR · LANDSHUT/BAYERN

INDUSTRIEGELÄNDE · TELEFON: 3245

3

RÖHR

40 PS DIESEL-SCHLEPPER

Typ 40 R

die leistungsstarke und für alle Zwecke verwendbare Zugmaschine.

TECHNISCHE EINZELHEITEN:

Bauart: Rahmenlose Blockkonstruktion.

Motor: Stehender Dreizylinder-Viertakt-Dieselmotor, 40 PS Dauerleistung b. 1500 U/min., Hubvolumen 3540 ccm, verchromte, auswechselbare Zylinderlaufbüchsen, Zahnradumlaufschmierung, Öldruckmanometer und Spaltfilter, automatische Schmierung der Kipphebel und Ventile, Wasserumlaufkühlung, Kühler mit Kühlerverkleidung, Ölbadluftfilter.

Getriebe: In Ölbad laufendes, robustes Zahnradgetriebe mit 5 Vorwärtsgängen, 1 Rückwärtsgang und folgenden Fahrgeschwindigkeiten:

	für Reifen: vorn 6,00-16,00 hint. 11,25-24,00	für Reifen: vorn 6,00-16,00 hint. 12,75-28,00
1. Gang	3,80 km/Std.	4,40 km/Std.
2. Gang	6,10 km/Std.	7,00 km/Std.
3. Gang	8,80 km/Std.	10,20 km/Std.
4. Gang	12,70 km/Std.	14,70 km/Std.
5. Gang	21,60 km/Std.	25,00 km/Std.
Rückwärtsgang	4,70 km/Std.	5,40 km/Std.

Lenkung: Bewährte ZF-Roßlenkung.

Hinterachse: Zahnradantrieb über Ausgleichsgetriebe, Differentialsperre mit Fußbetätigung.

Vorderachse: Im Gesenk geschmiedete Stahlachse pendelnd aufgehängt und gefedert.

Bremsen: Fußbremse nachstellbar auf Hinterräder wirkend als Fahr- und Lenkbremse, Handbremse feststellbar auf Getriebe wirkend.

Bereifung: Spezial-Ackerluftreifen, vorn 6,00 — 16 hinten 11,25 — 24

Ausrüstung: Zapfwelle mit Keilwellen-DIN-Profil 540 U/min., Riemenscheibe 220 mm ⌀, 140 mm breit, 1400 U/min., Kühlwasserthermometer, Kühlerjalousie, Anhängeschiene für Ackergeräte, Anhängekupplung vorn und hinten, vordere und hintere Kotflügel, 2 Seitensitze mit Chrombügel, Werkzeugkasten mit Zubehör.

Elektrische Anlage: 12 Volt Bosch Anlage, **einschließlich Anlasser,** 2 Scheinwerfer, 2 Schlußlichtleuchten, Signalhorn, Batterie, Lichtmaschine und elektrischer Vorglühung.

Maße und Gewichte:

Länge	3100 mm	Eigengewicht:	
Breite	1600 mm	bei Reifengröße:	
Höhe	1700 mm	vorn 6,00 — 16	
Radstand	2000 mm	hinten 11,25 — 24	1920 kg
Spurweite	1250 mm	bei Reifengröße:	
Kleinster Wendehalbmesser	2800 mm	vorn 6,00 — 16	
		hinten 12,75 — 28	2050 kg
Bodenfreiheit	350 mm	Tankinhalt:	40 Ltr.

Kraftstoffverbrauch: ca. 3,5 Liter im Durchschnitt pro Stunde je nach Arbeitsleistung.

Zugleistung: Auf ebener, fester und trockener Straße maximale Anhängelast ca. 18 t bei 21,6 km/Std.

Auf Wunsch zusätzliche Ausstattung:

Verlängerte Ackerschiene, Mähwerk, Allwetterverdeck, Anbaukompressoren, Seilwinde, geschloss. Fahrerhaus, Klappgreifer, Belastungsgewichte, gefederte Anhängekupplung und gefederter Doppelpolstersitz.

Sonderausführung 40 RH

mit Bereifung: vorne 6,00 — 20 hinten 12,75 — 28

(Technische Veränderungen bleiben vorbehalten)

4

RÖHR **Traktoren**

in allen Ländern gefragt!

Die ausgereifte und überlegene Konstruktion der RÖHR -Traktoren legte den Grundstein für die erstaunliche Verbreitung. Dies ist ein besonderer Beweis für die Güte und Wirtschaftlichkeit dieser Fahrzeuge, die mit einem für die Landwirtschaft besonders geeigneten, außerordentlich robusten und zuverlässigen Diesel-Motor ausgestattet sind. Ausgerüstet mit hervorragend bewährten 4- oder 5-Gang-Getrieben, gewährleisten die RÖHR -Traktoren beste Kulturarbeit bei denkbar einfachster Bedienung. Für besondere Einsätze wie im Walde oder im bergigen Gelände, können die RÖHR -Traktoren auch mit Seilwinden geliefert werden. Dies trifft im besonderen Maße für alle die Landwirtschaft betreffenden Zusatzgeräte, wie Mähwerk, Pflug, bzw. Anbaupflug, RÖHR -Anbau-Motoregge etc. zu, die in kürzester Zeit und mit wenigen Handgriffen montierbar sind.

Vor dem Kauf eines Schleppers sollten Sie aber überlegen, daß ein niedriger Anschaffungspreis noch lange nicht die Garantie für wirtschaftliches und damit billiges Arbeiten ist. Der Kaufpreis, verbunden mit sparsamem Kraftstoff- und Ölverbrauch, Verschleißfestigkeit **und solider Werkmannsarbeit** ergeben erst die Preiswürdigkeit. Diese Punkte sollten Sie nicht versäumen, einer entsprechenden Prüfung zu unterziehen. Als weitschauender und fortschrittlich denkender Fachmann oder Landwirt, werden Sie die Ihnen gerade beim RÖHR -Traktor gegebenen Vorteile klar erkennen und sich für dieses Fahrzeug entscheiden.

MASCHINENFABRIK E. RÖHR · LANDSHUT / BAYERN

INDUSTRIEGELÄNDE · TELEFON: 3245

Gesamtgestaltung: R. Throll jr., München 27

4.51. 20 000

WERBEDRUCK RUDOLF STEPANEK, MÜNCHEN 15, SCHILLERSTR. 20

RUHRSTAHL
LANDMASCHINE
DER GERÄTETRÄGER
MIT Einmann-BEDIENUNG
RUHRSTAHL AG WITTEN-RUHR · ANNENER GUSSTAHLWERK

Alle bekannten Ackerschlepper der klassischen Bauart streben den Ersatz der Zugtiere an. Keine Maschine kann aber **bisher** die Gespannarbeit ganz vermeiden.

DIE RUHRSTAHL-LANDMASCHINE (Pat. ang.)

erreicht durch ihre völlig neuartige, erprobte Konstruktion dieses Ziel.

Darüber hinaus erleichtert sie über eine Vollhydraulik in einem bis heute nicht gekannten Ausmaße die körperliche Arbeit und dient so unter Einsparung von Hilfskräften der Intensivierung und Leistungssteigerung der Landwirtschaft. Sie ist der **vollmechanisierte Geräteträger und zugleich Transport- und Zugmaschine.**

Beim kultivieren

Mit Eggeneinsatz

Der **Hauptarbeitsraum** liegt nicht mehr hinter einer Zugmaschine, sondern zwischen Vorderachse und dem geschlossenen Heckgebilde von Motor und Getriebe.

Drillmaschine, Hackmaschine, Kultivator, Pflanzlocher, Häufelkörper, die Hackfruchterntemaschinen u. a. Geräte arbeiten im Gesichtsfeld des Fahrers, der unmittelbar steuert und auch in Intensivkulturen keinen **zweiten** Bedienungsmann mehr benötigt.

Die **Vorderladebühne** trägt Dünger, Saatgut und alle sonstigen Lasten.

Vor den Vorderrädern wird in Frontarbeit das vollmechanische Mähwerk betrieben.

Am hinteren Schwingbaum arbeiten, ebenfalls hydraulisch betätigt, in konstant bleibender Tiefgangstellung Anbaupflug, Schälpflug, Egge und Heuwerbungsgeräte.

DIE RUHRSTAHL-LANDMASCHINE ALS UNIVERSAL-LANDMASCHINE

ist somit gekennzeichnet durch ihren Hauptarbeitsraum zwischen den Achsen, durch Frontmähwerk, durch Vollhydraulik, vorderen, mittleren und hinteren Zapfwellenantrieb sowie durch die Einmannbedienung bei allen Gerätearten. Die vorhandenen Geräte können bis zur Beschaffung der Spezial-Einsatzgeräte verwendet werden. Unsere Beratung steht dabei zur Verfügung.

Tiefpflug mit Rollegge

Grubbern und eggen

Voreggen, drillen und nacheggen

Vorderschnittmähwerk u. zettern

Lastentransport

RUHRSTAHL LANDMASCHINE

DIE WICHTIGSTEN VORTEILE DER

1. Sämtliche Geräte sind hydraulisch anzuheben, zu senken und, wenn nötig, andrückbar.
2. Sämtliche Geräte, außer den Pflügen, können jetzt im Gesichtsfeld des Fahrers angebaut werden.
3. Sämtliche Geräte sind in kürzester Zeit von nur **einem Mann** an- u. abzubauen.
4. Sämtliche Geräte werden von dem Fahrer gesteuert und beobachtet.
5. Sämtliche Geräte sind dadurch billiger geworden, daß nur Werkzeugrahmen Verwendung finden und alle Fahrgestelle und Steuermechanismen wegfallen.
6. Sämtliche Geräte sind nach den neuesten technischen und landwirtschaftlichen Gesichtspunkten ausgesucht und zu einer harmonischen Gerätekette zusammengestellt. Deswegen ergeben nur die von uns erprobten Geräte die volle arbeitswirtschaftliche Ausnutzung und Harmonie innerhalb der richtigen Mechanisierungsform des Betriebes. Die benötigten Geräte können je nach Kaufkraft jederzeit über uns in Auftrag gegeben werden. Eine falsche Mechanisierung durch Anschaffung von untauglichen Geräten wird dadurch vermieden.

TECHNISCHE DATEN:

Motor 20 PS, 2-Zyl.-Henschel-Motor mit Glühflansch u. elektr. Anlasser (Lanova-Verf.)

Drehzahl:	1800 u/min
Einscheibentrockenkupplung	Fichtel & Sachs
Getriebe:	4 Gänge vorwärts u. rückwärts 3. 5. 8,3 16 km/h
Kraftheber:	ATE Hydraulik 550 mkg
Brennstoffverbrauch:	220 gr PS/h
Spur:	normale Maschine 1250 mm, breite Maschine 1875 mm
Achsabstand:	2200 mm
Wenderadius über Außen-Vorderrad:	3000 mm
Bereifung:	vorn 6,00 – 20 hinten 7 – 36
Bodenfreiheit:	450 – 500 mm
Gesamtgewicht:	1300 kg Normalspur, ohne Kraftheber und Ausrüstung
Vorderachslast:	ca. 300 kg ohne Geräte
Hinterachslast:	1000 kg ohne Ausrüstung
Gesamtgewicht:	1400 kg Breitspur, ohne Kraftheber und Ausrüstung
Vorderachslast:	350 kg
Hinterachslast:	1050 kg

Vollständige Gerätereihe ansteckbar, aushebbar und einstellbar
höhenverstellbare Anhängekupplung · Spurlockerer · Riemenantriebsscheibe
Vollhydraulik-System · 3 Zapfwellen

3 genormte Zapfwellenanschlüsse u. Riementrieb

Hydraulisch betätigtes Hubwerk-System

Pflanzlochen und Kartoffeltransport

Kartoffel- u. Rübenroden

Frontmähbinder mit Schälpflug oder Grubber

Druck: Nikolaus Hang, Düsseldorf

Entwurf: Josef Kämmerling, Düsseldorf

Schlüter

Der 17 PS

Diesel-Kleinschlepper „DS 15“

ausgerüstet mit einem Spezial-Ackerschlepper-Getriebe
(5 Vorwärtsgänge und 1 Rückwärtsgang)

Ein Kleinschlepper mit hoher Leistung!

LÄNGSSCHNITT

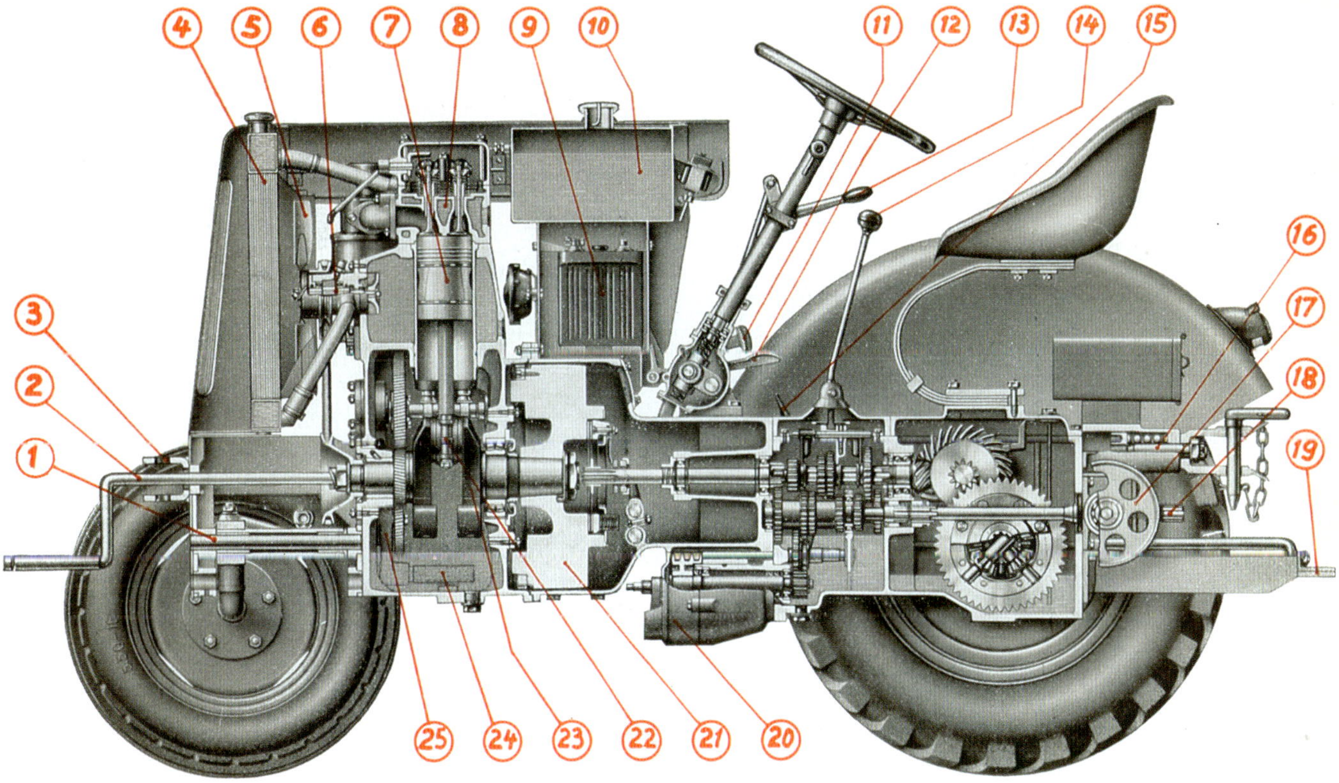

1 Vorderachs-Aufhängung
2 Andrehkurbel
3 Vordere Anhängekupplung
4 Wasserkühler
5 Ventilator
6 Wasserpumpe
7 Kolben
8 Zylinderkopf
9 Batterie
10 Kraftstoff-Behälter
11 Fußbremshebel
12 Fuß-Drehzahlregulier-hebel
13 Hand-Drehzahlregulierhebel
14 Getriebe-Schalthebel
15 Schalthebel zum Mähantrieb
16 Anhängekupplung
17 Riemenscheibe
18 Zapfwelle
19 Anhängeschiene
20 Grasmäher-Antrieb
21 Schwungrad
22 Pleuelstange
23 Kurbelwelle
24 Schmierölsieb
25 Ölpumpe

Motorenfabrik **ANTON SCHLÜTER MÜNCHEN** Werk Freising

Nr. 7123—10000/5. 51.

Schlüter

Der 25/28 PS

Diesel-Schlepper „DS 25“

ausgerüstet mit dem neuesten Schlepper-Getriebe
(7 Vorwärts- und 2 Rückwärtsgänge)

LÄNGSSCHNITT

1 Einpunktaufhängung der Vorderachse
2 Vorderachsfeder
3 Vordere Anhängekupplung
4 Präzisionsregler
5 Kühler
6 Ventilator
7 Kühlwasserpumpe
8 Eingesetzte Zylinderbüchsen
9 Brennstoffbehälter
10 Batterie (geschützt angeordnet)
11 Fußgas
12 Hebel für Handgas
13 Schaltgetriebe (7 Vorwärts- und 2 Rückwärtsgänge)
14 Differentialsperre
15 Ackersitz
16 Werkzeugkasten
17 Hinterrad-Kotflügel
18 Gefederte Anhängekupplung
19 Riemenscheibe
20 Zapfwelle
21 Ackerschiene
22 Differential
23 Mähantrieb (nur auf Bestellung)
24 Einscheiben-Trockenkupplung
25 Kurbelwellen-Wälzlager
26 Vorderachsstützstange
27 Schmierölsaugfilter
28 Schmierölpumpe

Motorenfabrik ANTON SCHLÜTER MÜNCHEN Werk Freising

Nr. 7096—5000/1.51.

SENDLING
DIESEL-SCHLEPPER
MOTORENFABRIK MÜNCHEN-SENDLING

Allgemeines

Aus der Motorenfabrik München-Sendling ist der erste deutsche Ackerschlepper hervorgegangen, dessen Modell das Deutsche Museum erworben hat. Schon vor dem ersten Weltkrieg wurden Sendling-Schlepper bei Ackerungswettbewerben im In- und Ausland mit höchsten Auszeichnungen prämiiert. Wenn die Motorenfabrik München-Sendling nun im Anschluß an die vor dem Kriege gebauten Typen wiederum einen neuen, diesmal 15 PS-Schlepper auf den Markt bringt, so darf dieser lange erwartete Sendling-Schlepper nicht zu den heute vielfach auftauchenden Neuentwicklungen gezählt werden. Der Sendling-Schlepper verbindet vielmehr die fortschrittliche Konstruktion bereits früher bewährter Maschinen mit der jahrzehntelangen Erfahrung des Werkes und den neuesten technischen Erkenntnissen in vollkommener Weise. Eine 50-jährige Tradition gibt die Gewähr dafür, daß sich der neue Sendling-Schlepper den Erzeugnissen der Motorenfabrik München-Sendling, die besonders auch in der Landwirtschaft durch hunderttausendfache Verbreitung zu einem Qualitätsbegriff geworden sind, ebenbürtig anreiht.

Technische Ausführung

Bauart: Gesamtaufbau rahmenlos. Vorderachsbock, Motor und Getriebe unmittelbar miteinander verwindungsfrei verflanscht.

Motor: Stehender Viertakt-Einzylinder-Dieselmotor, 15 PS bei 1500 Umdrehungen pro Minute, mit Wirbelkammer, auswechselbare Zylinderbüchse, Leichtmetallkolben, kräftige Kurbelwelle in reichlich dimensionierten Lagern laufend, selbsttätige Druckschmierung durch Ölpumpe, Brennstoffzuführung durch Bosch-Pumpe und Bosch-Düse, Wasserkühlung mit Pumpe, Röhrenkühler und Windflügel. Einwandfreie Reinigung der Ansaugeluft durch Ölbadluftfilter. Auspuffleitung mit eingebautem Schalldämpfer. Einscheibentrockenkupplung im Schwungrad eingebaut. Anlassen von Hand mit Zündpapier oder elektrischer Glüheinrichtung, wahlweise mit kompletter elektrischer Anlaßvorrichtung. Leichte Regulierung durch Hand- oder Fußgashebel.

Vorderachse: Aus einem Stück geschmiedete Stahlachse, pendelnd gelagert in Rotgußbüchsen. (Kann auch auf Wunsch gefedert geliefert werden.)

Hinterachse: In am Getriebegehäuse angeflanschten Tragrohren in Kugellagern laufend.

Getriebe: Mit 5 Vorwärtsgängen und 1 Rückwärtsgang. Im Getriebe untergebracht: der Zapfwellenantrieb, der Riemenscheibenantrieb, die Getriebebremse und die Schaltung der Zapfwelle. Differentialsperre mit selbsttätiger Ausrückung.
5 Vorwärtsgänge: 3,35 — 5,57 — 8,11
11,84 — 20,00 km/Std.
1 Rückwärtsgang: 3,86 km/Std.

Allgem. Fahrzeugausrüstung: Aufklappbare Motorabdeckung und Kühlerschutz (im Preis inbegriffen), Kotflügel für die Hinterräder als Sitzgelegenheit ausgeführt, gefederter Muldensitz, verbreiterte Anhängevorrichtung zur Befestigung von Anbaugeräten.

Riemenscheibe: 220 mm ∅ × 140 mm Breite, 1400 Umdrehungen pro Minute.

Mähbalkenantrieb: 1000 Umdrehungen pro Minute. Messerbalken $4\frac{1}{2}$ Fuß rechtsschneidend.

Bremsen: Zwei voneinander unabhängige Bremsen.
1. Fußbremse als Innenbackenbremse auf beide oder auch einzeln auf die Hinterräder wirkend. Betätigung mit rechtem Fußhebel.
2. Handbremse federnd auf Getriebe wirkend und feststellbar.

Kraftstoffverbrauch: 190—200 gr. je PS/Std. bei Vollast

Schmierölverbrauch: 4 gr. je PS/Std.

Kraftstoffvorrat: ca. 20 Liter

Schmierölvorrat im Motor: 7 Liter

Abmessungen: Länge = 2320 mm
Breite = 1475 mm
Höhe = 1330 mm

Achsabstand: (Radstand) 1520 mm

Bodenfreiheit: 340 mm
(am Mähwerkantrieb) 280 mm

Höhe der Anhängevorrichtung:
für Ackergeräte 375 mm
für Wagen 625 mm

Kleinster Wenderadius: 1,4 m

Spurweite: 1270 mm

Anhängelast: Auf trockener, ebener Straße bei Höchstgeschwindigkeit 8—10 to.

Gesamtgewicht: betriebsfertig, ohne Fahrer ca. 1250 kg

Bereifung: Hinterrad-Ackerluftbereifung mit großem Stollenprofil 8,00—20
Vorderräder Spezial-Spurreifen 5,00—16

Zubehör: Eingebauter Werkzeugkasten mit 1 Satz Schlüssel und Spezialwerkzeuge.

Elektr. Bosch-Ausrüstung: (normal) Lichtmaschine 6 Volt, 75 Watt, Batterie 14 Ampère-Std., 2 Scheinwerfer Fern- und Standlicht, Schlußlampen, Signalhorn, Rückstrahler.

Sonderzubehör gegen Mehrpreis:
Komplettes Mähwerk

Vorglüheinrichtung 6 Volt mit Schaltern und Kontroller komplett.

Elektrische Anlaßvorrichtung: Zahnkranz, Vorglüheinrichtung, Anlasser, Lichtmaschine und Batterie 50 Ampère-Std. 12 Volt, komplett.

MOTORENFABRIK MÜNCHEN-SENDLING

O. Vollnhals K.G.

München 25, Gmunder Straße 14-16

Telegrammwort: Sendlingmotor Gegründet 1899 Telefon 72163 und 73596

MMS 563

Abbildungen, Maße etc. unverbindlich.

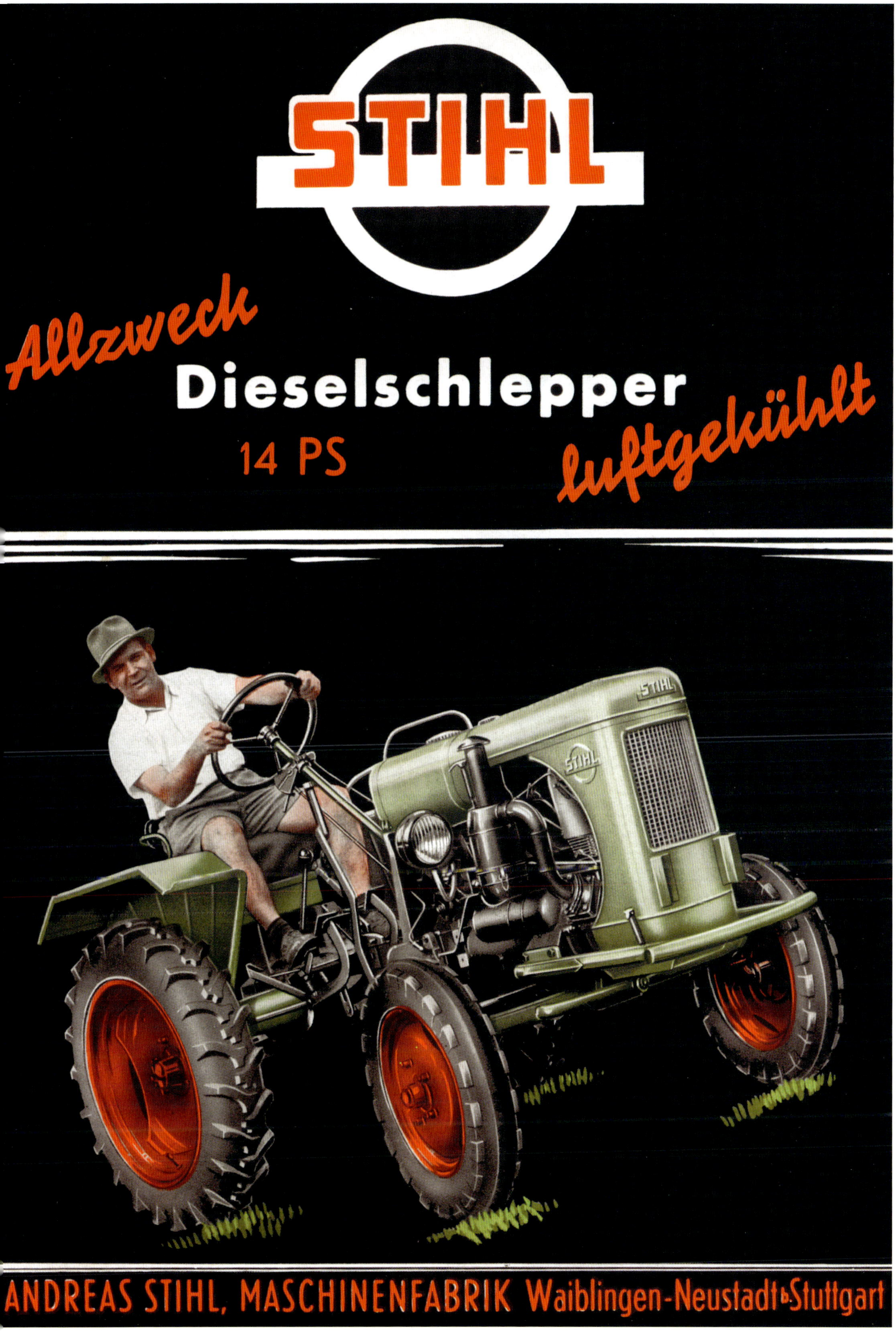
STIHL
Allzweck
Dieselschlepper
14 PS
luftgekühlt
ANDREAS STIHL, MASCHINENFABRIK Waiblingen-Neustadt b. Stuttgart

Beim Pflügen mit dem Anbauwechselpflug

Stihl-Schlepper mit Anbau-Egge

Mit dem zweireihigen Häufelgerät bei der Frühjahrsbestellung

Auf Grund seiner Bauweise ist der Stihl-Schlepper für Spritzarbeiten besonders geeignet

Unser

STIHL

Allzweck-Dieselschlepper

leitet seine Bezeichnung aus seiner Verwendbarkeit für alle Zwecke des landwirtschaftlichen Betriebes her. Sein Motor ist stark genug, um jede vorkommende Arbeit wirtschaftlich zu leisten.

Der STIHL-Schlepper wiegt nur 700 kg (das ist das Gewicht eines Ackerpferdes), so daß er jeden Acker zur Saat und zur Nachbearbeitung ohne Schaden befahren kann.

Das erstaunliche Verhältnis von ca. 1 PS pro Zentner Fahrzeuggewicht ergibt sich vor allem

a) aus der einmaligen Fahrgestellbauweise, welche an die Stelle des üblichen dicken Gußblocks ein schlankes, aber kräftiges nahtlosgezogenes Stahlrohr gesetzt hat;

b) aus der Verwendung des luftgekühlten STIHL-Einzylinder-Zweitakt-Dieselmotors, der nur 100 kg wiegt. Sein sparsamer Verbrauch und seine Unabhängigkeit vom Kühlwasser machen ihn zu einem wirtschaftlichen, stets einsatzbereiten und anspruchslosen Arbeiter, der sich auch in ausgesprochen heißen Ländern wie Italien, Griechenland und Australien bestens bewährt hat.

In nassen Frühjahren sieht man den STIHL-Schlepper schon auf den Äckern, wenn die Besitzer schwerer Schlepper die Bestellung mit dem Gespann machen müssen. In einer großen Anzahl von Betrieben wurde seit dem Einsatz des STIHL-Schleppers auf die Gespanne vollkommen verzichtet. Vor der Drillmaschine mit Saategge, Hack- und Häufelgerät und ohne Spurlockerer, insbesondere aber beim Mähen von Sumpfwiesen, von Schilf im Ried, bei der Arbeit auf dem Moor haben sich die Vorteile seines kleinen Gewichts erwiesen.

Es wäre jedoch verfehlt, anzunehmen, daß der Schlepper infolge seiner Leichtigkeit nicht genügend viel ziehen würde. Geschulte Konstrukteure, die wußten, worauf es ankommt, haben das Gewicht in durchdachter Weise auf Vorder- und Hinterachse verteilt. Das bei den Schleppern üblicher Bauart gefürchtete Aufbäumen ist damit ausgeschlossen, die Hinterachse aber immer noch so belastet, daß die Räder nicht durchrutschen.
Die als fortschrittlich erkannte Art, den Zug der Arbeitsgeräte auf einen Punkt vor der Hinterachse zu übertragen und damit die Bodenhaftung der vier Räder zu erhöhen, ist hier verwirklicht worden. Z. B. wird der Pflug an der nach vorn geschwenkten Ackerschiene eingehängt, was die Zugkraft erhöht und eine einwandfreie Spurhaltung ermöglicht. Der STIHL-Schlepper pflügt einscharig, bei leichter Pflugarbeit zweischarig, schält dreischarig. Er leistet alle anfallenden Transporte.

Weitere charakteristische Merkmale des STIHL-Schleppers sind:

Hohe Bodenfreiheit
Trotzdem völlig sichere Hanglage
Vorbildliche Anbaufreiheit
Vollkommene Bodensicht
Große Wendigkeit
Leichte Zugänglichkeit zu allen Teilen

Stihl-Schlepper mit 5-Fuß-Bindemäher

Beim Dreschen

Motor

1 Zylinder-Zweitakt, luftgekühlt

Leistung	bei 1800 U/min. 12 PS
	bei 1950 U/min. 14 PS
Drehzahl	1850 U/min.
Hub/Bohrung	120/90 mm
Hubraum	760 ccm
durchschnittlicher Kraftstoffverbrauch	0,8 Liter/h

Bereifung

Vorn	5.00–16 AS.Front
Hinten	8–24 oder 7–30 AS

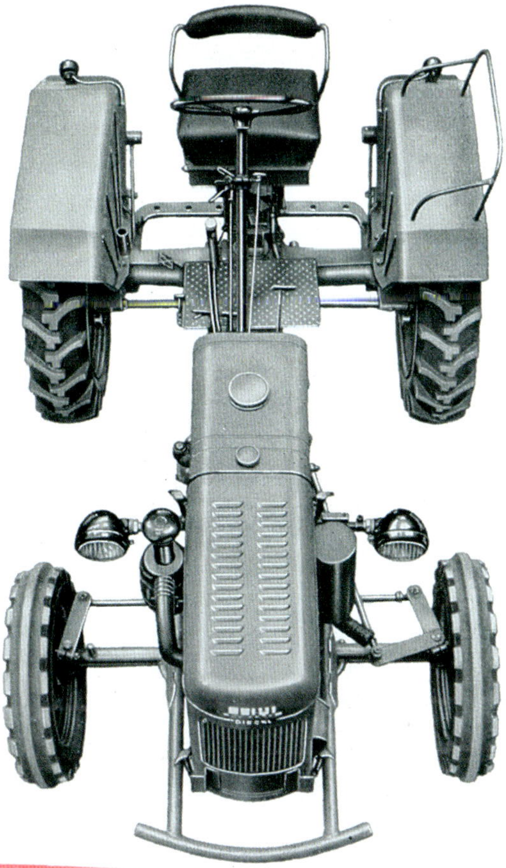

Ausgezeichnet mit der
„Bronzenen Preismünze der D.L.G."

Geschwindigkeiten	mit Reifen 8–24	7–30
1. Gang	3 km/h	3,4 km/h
2. Gang	5,3 „	6 „
3. Gang	8,2 „	9,3 „
4. Gang	15,5 „	17,4 „
Rückwärtsgang	3 „	3,4 „

Bodenfreiheit	mit Reifen 8–24	7–30
In Schleppermitte	390 mm	455 mm
unter den Achsrohren	485 „	550 „

Abmessungen	mit Reifen 8–24	7–30
Radstand	1420 mm	1420 mm
Normal-Spurweite	1250 „	1250 „
Länge	2600 „	2600 „
Höhe	1560 „	1625 „
Breite	1500 „	1500 „
Höhe der Anhängekupplung	600 „	665 „
Höhe der Anhängeschiene	390 „	455 „

Wenderadius

Außen, mit Lenkbremse 2,3 m

Gewichte

Gesamt	700 kg
Vorderachslast	320 kg
Hinterachslast	380 kg

Anhängelast

unter üblichen Betriebsbedingungen 60 Ztr.

Zapfwelle

Drehzahl 540 und 900 U/min.
Anschluß hinten nach Norm
Anschluß vorn mit Keilwellenprofil

Elektrische Anlage

Lichtmaschine 12 Volt, Anlasser 1,8 PS, Glühkerze, zwei Scheinwerfer, Rücklicht, Signalhorn, Steckdose für Anhängerbeleuchtung, Batterie 50 Ah, Anlage Bosch, Fernthermometer

Anhängevorrichtung für Ackergeräte

Schwenkbare Ackerschiene und Aufsattelvorrichtung für mechanische Pflug- und Geräteaushebung

SONDER-AUSRÜSTUNG:

Mähwerk

mit Antrieb kompl., $4\frac{1}{2}$ Fuß, 2 Messer, Aufziehvorrichtung

Riemenscheibe

Drehzahl	1800 und 1080 U/min.
Durchmesser	170 mm
Breite	120 mm

Belastungsgewichte

für Vorderräder	je 40 kg
für Hinterräder	je 50 kg

Spurverstellung von 1,25 auf 1,50 m

Technische Beschreibung des STIHL Allzweck-Dieselschleppers

1. Kühlerhaube aus einem Stück, vollständig abnehmbar
2. Lichtmaschine, Fabrikat Bosch, 12 Volt
3. Kühlluftgebläse, verhindert auch bei stärkster Belastung Überhitzung des Motors
4. Kurbelgehäuse
5. Einspritzpumpe, Fabrikat Bosch
6. Zylinderkopf mit Düse, Glühkerze und Auspuffventil
7. Leichtmetallzylinder mit auswechselbarer Laufbüchse
8. Triebwerk, bestehend aus: Kurbelwelle auf Wälzlagern laufend, Pleuel und Kolben, Kolbenbolzen in Nadellager gelagert, am Kurbelzapfen stabiles doppeltes Wälzlager
9. Schwungscheibe mit F. & S.-Einscheibentrockenkupplung
10. Öltank, Inhalt ca. 5 Liter
11. Elektrischer Anlasser, 12 Volt, Fabrikat Bosch
12. Batterie
13. Kraftstofftank, Inhalt ca. 20 Liter
14. ZF-Rosslenkung
15. Rohr zum Betätigen der Kupplung
16. Zentralrohr, bestimmt die schlanke und vorteilhafte Bauart, die einmalige Sicht- und Anbaumöglichkeiten für Geräte bietet
17. Handbremse
18. Kupplungspedal, Fußbremse auf der rechten Schlepperseite, als Einzelradbremse ausgeführt
19. Fuß- und Handgasbetätigung
20. Schalthebel für das Wechselgetriebe
21. Sitz, darunter Werkzeugkasten und elektrische Anlage
22. Lager für Aushebevorrichtung
23. Kupplungsmaul
24. Ackerschiene, nach vorn schwenkbar für Pfluganhängung
25. Hinterer Zapfwellenanschluß nach Norm
26. Schaltgetriebe, 4 Vorwärtsgänge und 1 Rückwärtsgang
27. Differentialgetriebe, sperrbar mittels Fußhebel
28. Vorderer Zapfwellenanschluß zum Antrieb von Mähwerk, Anbauegge usw.
29. Hauptantriebswelle, überträgt die Kraft von der Kupplung auf das Getriebe
30. Lenkgestänge
31. Vorderachse, pendelnd aufgehängt, paßt den Schlepper allen Geländeunebenheiten an
32. Ölpumpe, gewährleistet einwandfreie Schmierung des Motors
33. Stoßstange

Paul Gramberger
Landmaschinen
Frankfurt/Oder
Küstrinerstrasse 84
STOCK
Stock-Diesel-Schlepper
20 PS
STOCK

Unser Stock-Diesel-Schlepper 20 PS verkörpert jahrzehntelange Erfahrungen im Motorpflug- und Schlepperbau.

Die Maschine ist geeignet für mittlere und größere Bauernwirtschaften, jedoch wird sie vielfach auch auf größeren und großen Gütern angewandt. Sie kann ausgerüstet werden mit Riemenscheibe, Zapfwelle, Grasmähbalken von 5 Fuß. Für lehmige Böden, auf denen bei Nässe Gummireifen leicht rutschen, liefern wir verstellbare Zusatzgreifer, die in drei Stellungen in der Höhe verstellbar sind, sodaß sie dem jeweiligen Bodenzustand angepaßt werden können.

Der Motor hat eine Leistung von 20 PS bei 1500 Umdrehungen pro Minute. Die Kühlung erfolgt durch einen Kühler in Verbindung mit einer Wasserpumpe und einem Ventilator. Motor, Kupplungsgehäuse und Getriebe sind zu einem verwindungsfreien Körper vereinigt; infolgedessen sind Motor, Kupplung, Getriebe und Differential volkommen gekapselt und gegen Staub und Schmutz absolut abgedichtet.

Getriebe und Differential sind in einem Gehäuse vereinigt, alle Zahnräder und Wellen laufen ständig in Oel. Die Kraftübertragung erfolgt vom Motor über Kupplung, Getriebe und Differential unmittelbar auf die Hinterräder. Ketten sind an unserem Schlepper vermieden.

Die Hinterräder sind mit den Niederdruck-Ackerluftreifen 8.00—20 ausgerüstet, die infolge ihrer Anschmiegsamkeit an den Boden die Motorkraft wirksam übertragen. Die Vorderräder haben Reifen 5.25—16. Die Felgen der Vorder- wie auch der Hinterräder sind geteilt. Die Gummireifen sind nach Abnahme des Felgenringes ohne besondere Reifenmontierwerkzeuge einfach auf die Felge zu schieben und nach Anschrauben des Felgenringes aufzupumpen. Der Führersitz ist gut gepolstert und mit Rückenlehne versehen, er ist so angeordnet, daß der Fahrer einerseits gute Übersicht, andererseits alle Bedienungshebel in unmittelbarer Nähe hat.

Bei Ackermaschinen beträgt die Höchstgeschwindigkeit im III. Gang 16 km, bei Straßenzugmaschinen für gewerbliche Zwecke 19,5 km. Bei den letzteren ist die Vorderachse gefedert. Die Vorderachse ist pendelnd aufgehängt, sodaß Bodenunebenheiten leicht genommen werden können. Die Bodenfreiheit beträgt 33 cm.

Der Schlepper ist ausgerüstet mit einer elektrischen Lichtmaschine, mit Scheinwerfern für Fern-, Stadt-, Stand- und Schlußlicht. Die Scheinwerfer geben gutes Licht für Nachtarbeit auf dem Acker.

Der Schlepper kann mit einem Mähapparat ausgerüstet werden, der 5 Fuß = 1,55 cm lang ist. Der Mähbalken liegt auf der rechten Seite der Maschine zwischen Vorder- und Hinterrad. Das Mähmesser wird angetrieben von einem Getriebe, das vollständig in Oel laufend, im Kupplungsgehäuse liegt. Das Getriebe wirkt auf eine Kurbelscheibe, die dem Mähmesser 900 Bewegungen pro Minute gibt. In die Kurbelscheibe ist eine Rutschkupplung eingebaut.

Der Mähbalken wird durch einen bequem am Sitz liegenden Handhebel mit ganz geringer Kraftaufwendung ausgehoben. Der Messerbalken kann bis zu einer Bodenfreiheit von 23 cm, am Schuh gemessen, ausgehoben werden, ohne daß das Messer zum Stillstand kommt. Man kann infolgedessen kleinere Bodenunebenheiten leicht überfahren, um im nächsten Augenblick das Messer wieder fallen zu lassen. Man kann das Messer in dieser Lage auch durch eine Raste festhalten. Wenn man höher aushebt, schaltet das Messer automatisch aus.

In Ruhestellung wird das Messer hochgeklappt und durch eine stabile Strebe am Schlepper festgehalten, sodaß es selbst beim Fahren im III. Gang (16 km) absolut fest liegt.

Wenn bei manchen Arbeiten, z. B. beim Holzfahren im Walde, der Mähbalken hindert, dann kann er durch Lösen von 4 Verbindungsstellen in wenigen Minuten abgenommen und nachher ebensoschnell wieder befestigt werden.

Zum Antrieb von stationären Maschinen, wie Dreschmaschinen, Sägen, Pumpen etc. kann eine Riemenscheibe angebaut werden, die durch die Kupplung stillgesetzt werden kann. Die Riemenscheibe hat einen Durchmesser von 250 mm und macht 1000 Umdrehungen pro Minute. Die Riemenscheibe treibt nach vorn in Längsrichtung des Schleppers.

Lehmhaltige Böden bringen, wenn sie in nassem Zustand befahren werden, die Gummireifen leicht zum Schlüpfen. Um den Schlepper auch unter diesen Umständen noch arbeitsfähig zu machen, kann er mit unseren Spezial-Greifern ausgerüstet werden, die neben den Gummireifen in den Boden stechen und so den Rädern den notwendigen Halt im Boden geben.

Jedes Rad erhält 10 Greifer, sodaß immer 2 im Eingriff sind. Die Greifer legen sich mit ihrem bogenförmigen Stiel um den Reifen herum, sodaß die Schneide halb über dem Reifen steht. Das Gewicht des Schleppers wird hierdurch in wirksamer Weise für den notwendigen Einstichdruck benutzt.

Da Greifer in jedem Falle Kraft kosten, und dieses um so mehr, je tiefer sie in den Boden gedrückt werden, ist es sehr wertvoll, wenn man sie je nach dem Feuchtigkeitsgrad des Bodens mehr oder weniger herausstellen kann. Unsere Greifer sind in drei Stellungen verstellbar, von denen 2 Stellungen über den Reifen herausstehen, also in den Boden greifen, während die dritte Stellung der Greifer innerhalb des Raddurchmessers liegt, sodaß man mit diesen eingezogenen Greifern über die Straße fahren kann. Wenn man längere Straßenfahrten hat, kann man die Greifer ganz umkehren.

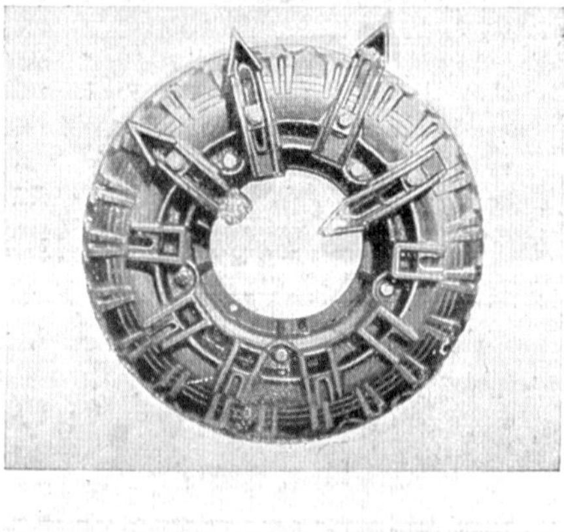

Eine interessante Arbeit:
Der Stock-Diesel-Schlepper mäht ca. 2 mtr. hohen Hanf mit einem angehängten Fella-Binder.

Die Kraftquelle ist ein Zweizylinder-Diesel-Viertakt-Motor. Die kräftige Kurbelwelle ist in kräftigen Kegelrollenlagern gelagert, wodurch eine lange Lebensdauer gewährleistet ist. Die Zylinderlaufbuchsen sind auswechselbar. Der Motor hat ein ölbenetztes Luftfilter, das die angesaugte Luft filtert. Das Anspringen erfolgt leicht durch Verwendung von selbstzündendem Zündpapier. Gegen einen Aufpreis kann auch elektrische Glühzündung vorgesehen werden. In die Brennstoffleitung ist ein besonders wirkungsvolles Boschfilter eingebaut.

Motor, Kupplung, Getriebe und Hinterachse bilden einen kompletten Block. Die Motorkraft wird unmittelbar vom Motor über eine Einscheiben-Trockenkupplung auf das Getriebe übertragen, und geht von dort über das starke Differential auf die Hinterachsenwellen und damit unmittelbar auf die Hinterräder.

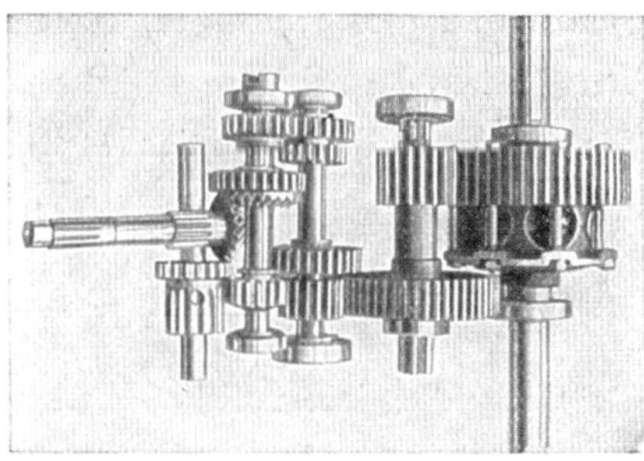

Das Getriebe eigener Spezialkonstruktion und Herstellung hat 3 Vorwärts- und 1 Rückwärtsgang. Die stark dimensionierten Zahnräder und Wellen sind aus Spezialstahl angefertigt und im Einsatz gehärtet. Der Verschleiß ist infolgedessen äußerst gering. Das Differential liegt mit dem Schaltgetriebe in einem Kasten, beides läuft ständig in Oel. Sämtliche Getriebewellen laufen auf Kegelrollenlagern.

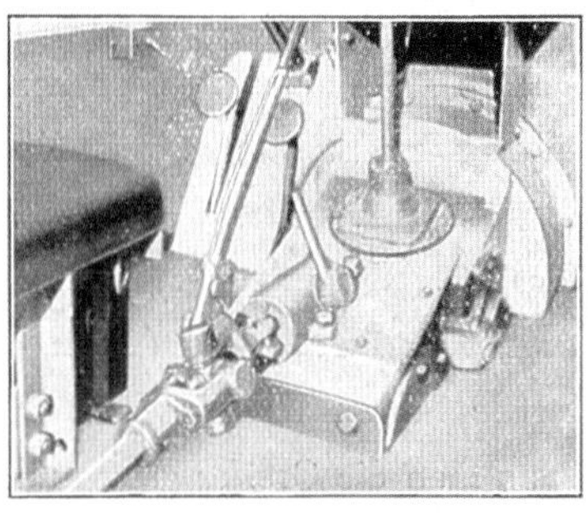

Zum Antrieb von Zapfwellenbindern ist eine Zapfwelle vorgesehen, die so angeordnet ist, daß rechts- und linksschneidende Binder gleich gut angehängt werden können. Der Schlepper ist imstande, den größten Zapfwellenbinder von 8 Fuß anstandslos zu ziehen. Die Leistung beträgt bei großen Schlägen bis zu 5 Morgen pro Stunde.

Technische Beschreibung:

Motor: 2-Zylinder-Dieselmotor, Viertakt, nach dem Vorkammerverfahren arbeitend. Leistung bei 1500 Umdrehungen 20 PS.

Das Anlassen des kalten Motors erfolgt unter Verwendung von selbstzündenden Zündpatronen, der warme Motor springt auch ohne Patronen an. Auf Wunsch kann gegen Mehrpreis elektr. Glühzündung eingebaut werden.

Luftfilter mit selbsttätiger Oelbenetzung.

Kupplung: Einscheiben-Trockenkupplung.

Getriebe: Spezialgetriebe eigener Konstruktion und Herstellung. Sämtliche Räder und Schaftwellen aus Spezialstahl und im Einsatz gehärtet. Antriebskegelräder mit Spiralverzahnung. Alle Wellen sind auf nachstellbaren Kegelrollenlagern gelagert. Kraftübertragung erfolgt unmittelbar vom Motor über die Getrieberäder und das Differential auf die Hinterräder, ohne Zwischenschaltung einer Kette. 3 Vorwärts- und 1 Rückwärtsgang.

Bremsen: Handbremse auf Getriebe, Fußbremse auf beide Hinterräder wirkend.

Lenkung: Selbsthemmende 2gängige Schneckensteuerung, nachstellbar.

Bereifung: vorn 5,25×16, hinten bei Straßenmaschinen 6,50×20, bei Ackermaschinen Spezial-Ackerluftreifen 8,00×20.

Beleuchtung: 45-Watt-Lichtmaschine, vom Ventilatorriemen angetrieben, Akkumulator, 60 Amp., 2 Scheinwerfer mit Stadt- und Fernlicht, Rücklicht.

Riemscheibe: für Antrieb stationärer Maschinen: An der ersten Getriebewelle kann nach Abschrauben des Verschlußdeckels eine Riemscheibe angebracht werden. Die Scheibe macht 1000 Umdrehungen pro Minute und hat einen Durchmesser von 250 mm. Die Scheibe wird durch die Kupplung ein- und ausgerückt, ein Andrehen der Maschine unter Last ist nicht erforderlich. Die Scheibe läuft in der Längsrichtung des Schleppers.

Zapfwellen-Antrieb: Zum Betrieb von Zapfwellenbindern ist ein Zapfwellenantrieb vorgesehen, der in der Minute ca. 540 Umdrehungen macht. Der Antrieb liegt in der Mitte des Schleppers, so daß gleich vorteilhaft links- und rechtsschneidende Binder verwandt werden können.

Anhängung: Zum Anhängen der Lasten ist eine Anhängeöse vorgesehen, die in der Mitte des Schleppers unmittelbar neben dem Führersitz liegt, so daß der Führer, ohne abzusteigen, den Anhänger ein- und auskuppeln kann. Der Anhängepunkt liegt bei Ackermaschinen 430 mm, bei Straßenmaschinen 560 mm über dem Erdboden.

Abmessungen:

Radstand	1600 mm	Länge über alles	2600 mm
Spurweite (Mitte Spur)	1230 mm	Breite über alles	1480 mm
kleinster Wenderadius	3000 mm außen.	Höhe über alles	1350 mm

Gewicht: ca. 1450 kg ohne Führerhaus. Maschinen, die überwiegend im landwirtschaftlichen Betrieb arbeiten, sind steuerfrei.

Leistungen:

Auf dem Acker: (mittelschwerer, trockener und ebener Boden)

Tiefpflügen (1 Schar):
ca. 0,6—0,7 Morgen/Std. . . . . . Brennstoffverbrauch pro Morgen ca. 3 kg

Saatpflügen (2 Schar):
ca. 1—1,2 Morgen/Std. . . . . . Brennstoffverbrauch pro Morgen ca. 2,5—3 kg

Schälen (4 Schar):
ca. 2 Morgen/Std. . . . . . Brennstoffverbrauch pro Morgen ca. 2—2,5 kg

Kultivieren:
ca. 2,5—3 Morgen/Std. . . . . . Brennstoffverbrauch pro Morgen ca. 1—1,2 kg

Eggen:
ca. 4—5 Morgen/Std. . . . . . Brennstoffverbrauch pro Morgen ca. 1 kg

Geschwindigkeiten: I. Gang 5 km, II. Gang 7 km, III. Gang 16 km/Std.

Auf der Straße: (feste, ebene Straße)

Der STOCK-DIESEL zieht auf der Straße bei 19,5 km/Std. eine Anhängelast bis zu 10 to. Er leistet also mehr als 3 Pferdegespanne. Demgegenüber betragen die Brennstoffkosten täglich etwa RM. 2,— bis 3,—. (Erfahrungswerte vieler Fuhrbetriebe).

Geschwindigkeiten: I. Gang 6,3 km, II. Gang 11,2 km, III. Gang 19,5 km/Std.

Abbildungen, Maße, Gewichte, Leistungs- und Verbrauchsangaben sind unverbindlich.

STOCK-Motorpflug G. m. b. H., Berlin SO 16

Druck: Heinrich Pöppinghaus, o. H.-G., Bochum-Langendreer

Sulzer

ALLRAD SCHLEPPER

28 PS - wassergekühlt u. luftgekühlt

Alle Trümpfe in einer Hand - in seinen Klassen weit voraus und überlegen.

- Alle Räder angetrieben - gleich belastet - gleich bereift!
- Tiefer Schwerpunkt - hervorragende Arbeitsmöglichkeit am Hang!
- Enorme Zugkraft - bei schmaler Bereifung und geringem Bodendruck!
- Unbedingt spurhaltig - spielend zu lenken - einwandfreies Mähen!
- Keine Zusatzgewichte notwendig - kein Aufsteigen b. schwerer Belastung!
- Erhöhte Sicherheit - da Bremsung **aller Räder** durch Motor u. Getriebe!
- Trotz größerer Leistung u. Vorteile — in Preis, Gewicht u. Maßen ein Schlepper der Mittelklasse!

Die neuen Sulzer-Allradschlepper

S 28 A - wasser- und luftgekühlt

mit der neuen Serienvorderachse

Z. A. — V. 15 B.

TECHNISCHE DATEN

für Motor, Fahrgestell und Aufbau

Bauart: Rahmenlose Blockbauweise, Motor-Getriebe, Vorderachsbock unmittelbar miteinander verflanscht.

Motor: MWM-Viertakt-Zweizylinder-Diesel-Motor, wassergekühlt, mit Umlaufpumpe, Druckumlaufschmierung, Spaltfilter, Ölbad-Luftfilter.

Leistung: 28 PS bei 1500 U/min.

Getriebe: Vollkommen in Ölbad laufendes Blockgetriebe, mit Riemenscheibe, Zapfwelle Differentialsperre, angeblocktem Antrieb für Vorderachse, mit 5 Vorwärtsgängen, 1 Rückwärtsgang sowie Mähantrieb.

Vorderachse: Überausstark dimensionierte, angetriebene Serienachse der Fa. Zahnradfabrik Augsburg, pendelnd gelagert, Antrieb durch Gelenkwelle.

Bremsen: Fußbremse als Fahr- und Lenkbremse, auf Hinterräder und zwangsläufig auf Vorderräder wirkend, Handbremse kombiniert mit Fußbremse.

Lenkung: Besonders kräftige, sehr leicht gehende Fulmina-Lenkung, mit stark dimensionierten Lenkhebeln und Kugelbolzen.

Bereifung: 8 - 24 AS vorne und hinten.

Elektr. Ausrüstung: Kompl. 12 Volt-Licht- und Anlasseranlage mit 75 Watt-Lichtmaschine, Batterie, 2 Scheinwerfer, 2 Schlußleuchten, Signalhorn.

Spurweiten: 1270/1350/1430 mm vorne und hinten.

Eigengewicht: 1760 kg

Achsdruck: vorne 860 kg, hinten 900 kg

Geschwindigkeiten:
1. Gang 3.16 km
2. Gang 5.57 km
3. Gang 8.76 km
4. Gang 13.30 km
5. Gang 19.00 km

Rückwärtsg. 3.16 km

Länge: 2830 mm

Breite: 1550 mm ohne Mähwerk.

Höhe: 1650 mm ohne Mähwerk.

Radstand: 1730 mm

Kleinste Bodenfreiheit: 290 mm bei angebautem Mähwerk.

Größte Bodenfreiheit: 350 mm

Kleinster Wenderadius: ca. 2.5 m

Luftgekühlte Ausführung in Vorbereitung!

Normaler Lieferungsumfang: Kompl. Licht- und Anlasser-Anlage 12 Volt, Bereifung 8 - 24 AS 4 fach, (auf Wunsch auch 9 - 24 AS), einschl. Riemenscheibe, Zapfwelle, Differentialsperre, Einzelradbremse Mähantrieb und Vorderachsantrieb einschl. Gelenkwelle, Öldruckmesser, Fernthermometer, 2 Kotflügelsitze, breite sehr kräftige Ackerschiene, Werkzeugkasten, kompl. Satz Werkzeug, Andrehkurbel, fahrbereite Ausführung mit Ölfüllung, Kraftstoff, Kraftfahrzeugbrief.

Sonderzubehör: Mähwerk - Kraftheber - Stahlschutzdach.

Änderung der Konstruktion und Ausstattung vorbehalten!

Einfache Bedienung - anspruchslose Wartung

Reichhaltige - serienmäßige Ausstattung
Passend für jedes Gelände
Niedrig im Preis

Wer »Sulzer« wählt, fährt gut

Fordern Sie unverbindliches Angebot

J. Sulzer

FAHRZEUGBAU

Harthausen über Augsburg

Fernruf: Dasing Nr. 81

Vertreter:

TEUPENIA
STANDARD / D 15
DIESEL
D/15
STANDARD
TEUPENIA – STANDARD
BF-0428
DAS MODERNE
ALLZWECK-MOTORGERÄT
FÜR DIE LANDWIRTSCHAFT
SCHLEPPER - GERÄTETRÄGER - TRANSPORTER
FÜR JEDEN VERWENDUNGSZWECK
BERNH. TEUPEN OHG. - OCHTRUP
Telefon 341 u. 575
Telefon 341 u. 575

Standard-Diesel m. Führerhaus Mähbalken m. hydraulischer Aushebung.

Standard-Diesel mit Winkel-Drehpflug an der 3-Punkt-Hydraulik mit abgenommener Ladepritsche.

Standard-Diesel ohne Pritsche m. Legemaschine an der 3-Punkt-Hydraulik oder als Anhängegerät.

Standard-Diesel mit Pritsche u. angebautem Düngerstreuer.

TECHNISCHE DATEN FÜR STANDARD / D 15

Motor:
Robuster luftgekühlter MWM 2-Zyl.-4-Takt Boxer-Diesel-Motor, 15 PS bei 3000 Upm.

Getriebe:
Im Ölbad laufendes Zahnradgetriebe, Differenzialsperre, Zapfwelle gangunabhängig, 4 Vorwärtsgänge, 1 Rückwärtsgang

Geschwindigkeit:
1. Gang 2,2 km
2. Gang 4,9 km
3. Gang 10,0 km
4. Gang 20,0 km
R.-Gang 2,2 km

Drehzahlen:
Zapfwelle 560 Upm , Mähantrieb 1050 Upm., Riemensch.-Antrieb 1300 Upm.

Kupplung:
F. & S. Einscheiben-Trockenkupplung

Lenkung:
Z. F.-Lenkgetriebe auf Vorderräder wirkend

Bremsen:
Fußbremse, auf Hinterräder wirkend, Einzelradbremse als Lenkbremse. Feststellbremse, auf Hinterräder wirkend.

Elekr. Ausrüstung:
12 V Licht-, Signal- und Anlasseranlage.

Federung:
Vorderachse gefedert als Pendelachse

Radstand: 1550 mm

Spurweite: 1250 mm

Bereifung:
vorn: 5,00 × 16 AS Front, hinten: 7,50 × 18 AS Farmer - extra verstärkt.

Tankinhalt: ca. 18 Ltr.

Kraftstoffverbrauch:
1,4 - 1,8 Ltr. pro Arbeitsstunde.

Ladepritsche:
Kipp- und abnehmbar, Länge 2060 mm, Breite 1980 mm, Höhe 250 mm.

Gewichte:
Eigengewicht ca. 850 kg, Nutzlast 1000 kg.

Bodenfreiheit: ca. 380 mm

Zusatzausrüstungen:
3 u. 4 Punkt - Handhydraulik
3 u. 4 Punkt - Motorhydraulik
Riemenscheibenantrieb
Mähantrieb mit Mähbalken

Sämtliche Anbaugeräte

Pflüge - Grubber - Hackgeräte

Kartoffellegemaschine

Standard-Diesel mit Düngerstreuer und Zwischenachs-Häufelgerät.

Standard-Diesel mit Führerhaus u. abgekippter Ladepritsche. Hand- oder motorhydraulisch.

Standard-Diesel als Zugmaschine m. 3 to. Anhänger, ebenfalls für 3 to. Miststreuer mit beladener Pritsche zu verwenden.

Melkfahrzeug

Standard-Diesel ohne Führerhaus

URUS-ALLRAD

15 PS DIESEL
(Bauscher-Motor)

25 PS DIESEL
(MWM-Motor)

Vierrad-Antrieb - Hohe Zugkraft - Geringer Bodendruck - Kleiner Schlupf

Die Grundidee des URUS-ALLRAD

Ein mechanisches Gesetz: Jedes Kraftfahrzeug, besonders der Schlepper, wird im Zug vorn leichter, hinten schwerer, weil die Gegenkraft der Triebräder das Fahrzeug vorn anhebt.

Auswirkung: Vorn neigt ein stark ziehender Schlepper zum Aufbäumen, mindestens zum Schwimmen oder – bei Nur-Frontantrieb – zum Durchrutschen, hinten erhöht er den schädigenden Bodendruck. Wenn er ohnehin hinterlastig ist, so wird er im Zug hinten noch schwerer. Bei Anbau-Geräten wird das sogar noch schlimmer.

Abhilfe der schädlichen Auswirkung: Das Schleppergewicht so nach vorn verlegen, daß im Zug vorn und hinten gleicher geringer Achsdruck herrscht.

Die Lösung: Vorderlastiger Allrad-Antrieb-Schlepper »Urus-Allrad« mit gleichgroßen Rädern vorn und hinten. Er bietet dazu noch erhöhte Zugkraft, weil er mit seinem gesamten Gewicht auf den treibenden Vorder- und Hinterrädern Bodenhaftung erzeugt und den Schlupf vermindert.

URUS-WERKE G.M.B.H. WIESBADEN

URUS

ALLRAD

bietet:

Alle Räder angetrieben, dadurch:
Hohe Zugkraft, auch auf schmierigen Stellen;
leichtes Herausfahren aus der Furche durch getriebene Vorderräder;
gute Spurhaltung am Hang und in der Furche bei geringem Lenkeinschlag (das bedeutet Kraftstoffersparnis – höhere Arbeitsleistung);
bessere Geradehaltung des Schleppers bei Reihenarbeit selbst am Hang;
kleiner Wendekreis bei Zuglast auf schlechtem Boden;
ruhige Straßenlage.

Alle Räder gleich belastet in hohem Zug, dadurch:
Niedriger Bodendruck, geringer Schlupf, keine Aufbäumgefahr.

Alle Räder gleich bereift, dadurch:
Große Auflagefläche – kleiner Bodendruck – geringe Reifenabnutzung;
Austauschbarkeit aller Räder – ein gemeinsames Ersatzrad;
schmale Reifen – Erleichterung der Reihenarbeit.

Alle Räder gebremst, wenn bei eingeschaltetem Frontantrieb Hinterradbremse (Fußbremse) oder Vorderradbremse (Handbremse) betätigt wird.

8 Vorwärtsgänge – 2 Rückwärtsgänge
für jede Arbeit der günstigste Gang
(Kriechgang bis Eil-Straßengang)

Ausschaltbaren Frontantrieb.

Hydraulische Fußbremse.

Schwingende Hinterachse.

Volle Sicht auf das rechte Vorderrad ohne Verrenkung des Fahrers.

Zapfwelle mit mehreren Drehzahlstufen.

Fahrersitz, Lenkung und Fußhebel verstellbar nach Fahrergröße.

Mehrfach überdimensionierte Triebwerkteile.

TECHNISCHE EINZELHEITEN

Bauart: Verwindungsfreier Rahmen mit hohem U-Profil, Vorderachse fest, Hinterachse in Fluchtlinie des Kegelradantriebs schwingend aufgehängt. Schub- und Zugübertragung von Hinrerachse auf Rahmen durch gummigelagerte Schubarme.

Kraftfluß: Diesel-Motor / Einscheiben-Trockenkupplung (Fichtel & Sachs) / Viergang-Schaltgetriebe / Gelenkscheibe / Zweigang-Zahnrad-Verteilergetriebe / nadelgelagerte Gelenkwellen nach vorn und hinten / Kegel und Tellerräder, sowie Ausgleichgetriebe / Achswellen vorn und hinten / angetriebene Vorder- und Hinterräder.

Lenkung: Zahnradfabrik Friedrichshafen (ZF)-Ross-Lenkung.

Bremsen: Fußbremse hydraulisch auf Hinterräder, Handbremse mechanisch auf Vorderräder wirkend.

Elektrische Ausrüstung: Lichtmaschine, Batterie, 2 Scheinwerfer mit Fern- und Standlicht, Schlußlampe, Signalhorn.

Bereifung: 8,00—20 Ackerluftreifen vorn und hinten.

Leistung: Anhängelast auf trockener ebener Straße 15 Ps ca. 10 to
25 Ps ca. 15 to

Abmessungen: Länge: 15 Ps (2500 mm), 25 Ps (2650 mm), Breite 1670 mm, Höhe 1500 mm.
Ackerschiene 340 mm, Anhängevorrichtung 690 mm über Boden.
Bodenfreiheit: Unter den Ausgleichgetrieben 280 mm,
neben den Rädern 420 mm.
Spur: verstellbar 1270/1590 mm.
Radstand: 1600 mm. Kleinster Wenderadius außen: ca. 2,5 m mit Lenkbremse.

Geschwindigkeit: in den 8 Vorwärtsgängen:

Gang	15 Ps	25 Ps	
1	1,96 km/Std.	2,4 km/Std.	Gleichgewicht vorn und hinten in starkem Zug
2	3,4 „	3,9 „	
3	4,5 „	5,2 „	
4	6,7 „	7,7 „	
5	7,7 „	8,9 „	
6	12,0 „	13,8 „	
7	15,0 „	17,3 „	
8	je nach Last		

In den zwei Rückwärtsgängen 15 Ps: 2,0 und 4,5 km/Std.
25 Ps: 2,3 und 5,2 „

Gesamtgewicht: 15 Ps 1480 kg (vorn 930 kg, hinten 550 kg in Ruhe)
25 Ps 1790 kg (vorn 1200 kg, hinten 590 kg in Ruhe)

Sonderausrüstung: (gegen besondere Berechnung): Traktor-Mähwerk (4,5 Fuß breit) Traktor-Anbauflug mit Aushebevorrichtung / Zapfwellen und Mähwerk-Getriebe / Zapfwelle hinten: 540 — 870 — 1700 — 3000 UpM vorwärts, 540 UpM rückwärts. / Lenkbremse / Breite Ackerschiene.

Ersatzteile prompt ab Lager lieferbar!

URUS-WERKE G. M. B. H. · WIESBADEN

Mainzer Straße 180 - Telefon 66244-46

Filiale: Frankfurt am Main - Mainzer Landstraße 195-217 (Conti-Haus) - Telefon Ffm. 77101

Änderungen der Konstruktion, Ausstattung und Preise vorbehalten

5000. 26550. Wilbert u. Seeger, Wiesbaden

– 1. JUN. 1959
VEB TRAKTORENWERK SCHÖNEBECK
GERMANY

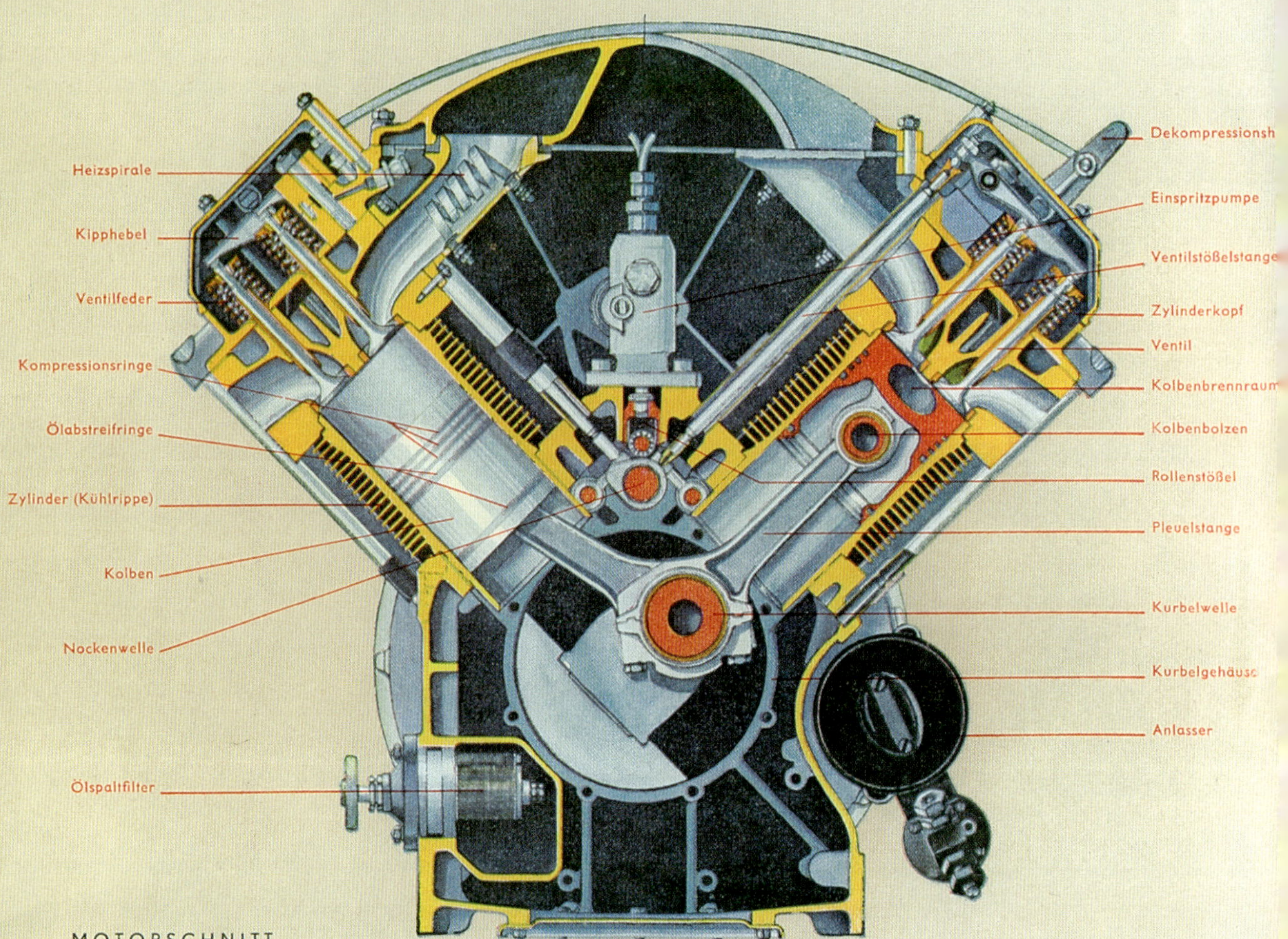

MOTORSCHNITT

Niedriges Gewicht – große Leistung!

Der luftgekühlte, zuverlässige Dieselmotor D 21

RS 09

VEB TRAKTORENWERK SCHÖNEBECK · SCHÖNEBECK (ELBE) · GERMANY

SCHNITT DES GERÄTETRÄGERS RS 09

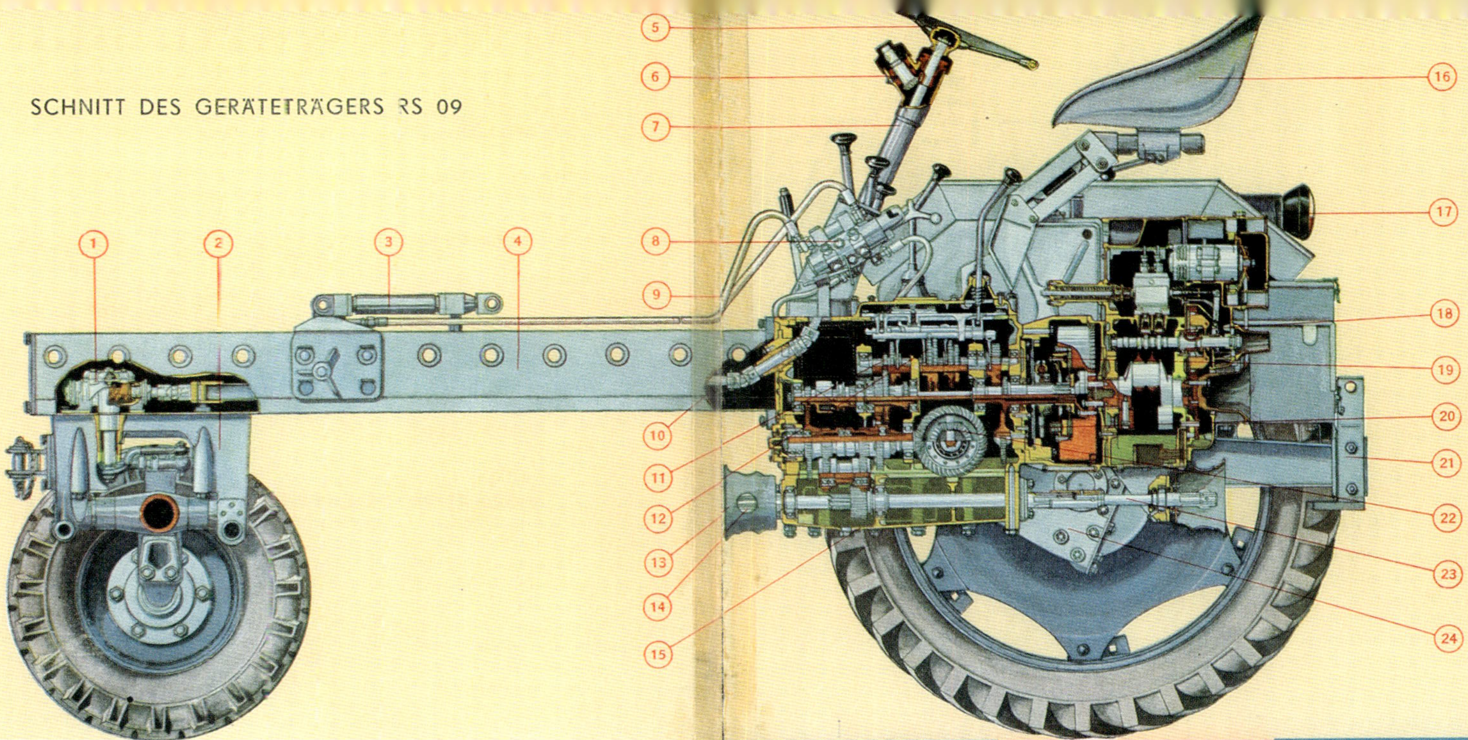

1. Lenkgetriebe
2. Vorderachskonsol
3. Arbeitszylinder
4. Längsträger
5. Lenkrad
6. Lenkradwelle für Rückwärtsfahrt
7. Lenksäule
8. Hydraulik-Verteiler
9. Hydraulik-Leitung
10. Teleskop-Lenksäule
11. Gruppen-Schaltgetriebe
12. Stufengetriebe
13. Zapfwellenschutz
14. vordere Zapfwelle
15. Zapfwellengehäuse
16. Fahrersitz
17. Scheinwerfer mit Schlußleuchte
18. Motor
19. Wendegetriebe
20. Fahrkupplung
21. Zugschiene
22. Ausgleichgetriebe
23. hintere Zapfwelle mit Vorsatzzapfwelle
24. Endvorgelege

Die Bauart des Geräteträgers RS 09 gestattet einen Aufbau von Geräten vor, zwischen und hinter den Achsen. Die vielfältigen Möglichkeiten der Umrüstung lassen eine Verwendung in Industriezweigen zu, die im allgemeinen nur Sondermaschinen für Kleinmechanisierung anwenden konnten. Das Hauptbauelement des Geräteträgers, die Triebachse, ermöglicht einen Anbau als Antriebsaggregat für Sondermaschinen. Die Anbaumöglichkeiten sind entsprechend der Leistung des 18 PS luftgekühlten Dieselmotors fast unbegrenzt.

Rückwärtsfahrt

Vorwärtsfahrt

TECHNISCHE DATEN DES GERÄTETRÄGERS RS 09

MOTOR:
Luftgekühlter Zweizylinder-Viertakt-Dieselmotor Lizenz Warchalowski
Bohrung 85 mm, Hub 90 mm, Hubvolumen 1020 cm^3
Verdichtungsverhältnis 18 : 1
Leistung 18 PS bei 3000 U/min
Kraftstoffverbrauch 185 - 200 g/PSh

GETRIEBE:
8 Vorwärts- und 8 Rückwärtsgänge
Abstufung bei einer Motordrehzahl von 3000 U/min

	Gruppe I				Gruppe II			
Gang:	1	2	3	4	5	6	7	8
Fahrgeschwindigkeit km/h:	0,89	1,33	2,14	3,32	4,00	5,95	9,23	14,86

KUPPLUNG: Einscheibentrockenkupplung K 12 red. 8 mkg

ZAPFWELLE: Vorn und hinten, Höhe vorn und hinten 560 mm
a) motorgebunden DIN 9611 n = 540 + — 10 U/min
b) wegegebunden „Ifa 242" n = 540 U/min bei 3,3 km/h

8 SCHALTMÖGLICHKEITEN:

1. beide motorgebunden, rechtsdrehend
2. vorn: motorgebunden, rechtsdrehend hinten: Stillstand
3. vorn: motorgebunden, rechtsdrehend hinten: wegegebunden, rechtsdrehend
4. vorn: Stillstand hinten: wegegebunden, rechtsdrehend
5. beide wegegebunden, rechtsdrehend
6. beide wegegebunden, linksdrehend
7. vorn: wegegebunden: linksdrehend hinten: Stillstand
8. beide Stillstand

BREMSEN: Mechanische Innenbackenbremse als Betriebs- und Feststellbremse, Betätigung durch Pedal und Handhebel

LENKUNG: Roßlenkung mit teleskopartig verstellbarer Lenksäule

BEREIFUNG: Vorn 6.00 - 16 AS Front DIN 7808 Hinten 7 - 36 AS DIN 7807
Spurweite verstellbar von 1250 - 1670 mm
Radstand verstellbar von 2210 - 1760 mm je 150 mm
Bodenfreiheit verstellbar von 480 mm auf 240 mm
Achslast vorn 250 kg, zulässig 1250 kg bei 1250 mm Spur
Achslast hinten 820 kg, „ 1140 kg
Zulässiges Gesamtgewicht 2390 kg
Fahrfertiges Gewicht 1070 kg nach DIN 70020
Länge 3260 mm Breite 1520 mm bei 1250 mm Spur
Höhe 1800 mm bei 480 mm Bodenfreiheit
Wendekreisradius 2,5 m mit Lenkbremse
Nutzbare Zugkraft auf ebener Betonstraße etwa 800 kg abhängig vom Rüstungsstand des Fahrzeuges.
Fahrersitz, Lenkrad und Bedienungshebel umrüstbar für Rückwärtsfahrt
Ausgleichgetriebesperre durch Fußdruck einschaltbar

ÄNDERUNGEN VORBEHALTEN

Exporteur:

DEUTSCHER INNEN- UND AUSSENHANDEL
TRANSPORTMASCHINEN EXPORT - IMPORT
Berlin W 8, Mohrenstraße 61, Telegramme: Diatrans

Vertreter:

Häuer, Wegner & Co.,
Lübeck, [illegible] 44
Telefon [illegible]

IV-14-50

Ag 50/IIII144/57/DDR 6.58 45 000 10732

36 PS
Famulus 36
Famulus 36

Tracteur Diesel, à roues, à usages multiples RS 14

Avec le tracteur à roues, à usages multiples „FAMULUS 36" l'utilisateur dispose d'un tracteur de 36 cv monteur.

Par rapport au RS 14/30 qui a fait ses preuves, on a considéré ici plus particulièrement une amélioration de la puissance et l'élargissement des possibilités d'utilisation, et ce, avec un minimum de modifications dans la construction.

1. Disposition d'une réserve de puissance dans des travaux exigeant une puissance au moteur d'environ 30 cv.
2. Augmentation à 25 cv de la puissance de la prise de force proportionnelle à l'avancement.
3. Amélioration du poids en fonction de la puissance

De même conception que le RS 14, le FAMULUS 36 peut être équipé avec des appareils de binages, soit entre essieux, soit frontaux. De plus, il est possible de faire fonctionner avec le tracteur des outils portés munis de vérins hydrauliques propres. Un crochet d'attelage automatique donne une sécurité absolue de jonction avec les remorques. Le RS 14/36 devient ainsi un tracteur à roues à usages multiples, parfait pour les travaux des champs, la préparation des semailles, les travaux d'ensemencement et d'entretien, de récolte et de transport, ainsi que pour les travaux de ferme et d'écurie, et les travaux avec poulie. Pour obtenir des puissances de traction plus élevées, il est possible d'augmenter l'adhérence des roues motrices par gonflage à l'eau et, pour des puissances exceptionnelles de traction par les poids supplémentaires du RS 14/46.

Le RS 14/36 est fabriqué avec 98 % des pièces du RS 14/30 de série. Les pièces de rechange sont donc interchangeables, ce qui permet avec un stock réduit l'entretien parfait de la gamme RS 14 en 30, 36 et 46 cv.

CARACTERISTIQUES TECHNIQUES:

Moteur

diesel	4 temps
Nombre de cylindres	2 en ligne
disposition:	verticaux
alésage:	120 mm ∅
cylindrée:	145 mm
régime:	1600 t/min
puissance:	36 CV
refroidissement:	par eau ou par air

dimensions principales

longueur:	3410 mm
largeur:	1700 mm
hauteur avec cabine:	2380 mm
empattement:	1936 mm
garde au sol:	430 mm

largeur de voie: règlable
roues avant: 1250, 1350, 1450, 1550, 1650 mm
roues arrière: 1300, 1400, 1500, 1600, 1700 mm

vitesse de marcha / groupes de vitesses

groupe de vitesses I

1. vitesse 1,28 km/h
2. vitesse 2,03 km/h
3. vitesse 3,52 km/h
4. vitesse 4,58 km/h
5. vitesse 6,08 km/h

vitesse arrière: 2,65 km/h

groupe de vitesses II

6. vitesse 5,5 km/h
7. vitesse 8,6 km/h
8. vitesse 14,6 km/h
9. vitesse 19,2 km/h
10. vitesse 25,6 km/h

vitesse arrière: 11,2 km/h

Prise de force

(au choix, indépendante de l'embrayage, ou proportionnelle à l'avancement):
régime 558 t/min, puissance 25 CV
régime 576 t/min, avec 3,52 km/h
puissance: transmission de la pleine puissance du moteur (utilisable seulement dans le groupe I)

Poulie

transmission de puissance	30 CV
vitesse de courroie	16 m/s

Hydraulique

quantité nécessaire à la pompe	24 l/min
pression	100 atm.
puissance au travail	680 kgm

Poids propre

2135 km (sans équipement spécial)

Pneumatiques

avant:	6.00–20 ASF
arrière:	11–38 AS
au choix, à l'arrière:	9–42 AS

Nous nous réservons d'effectuer à tout moment des modifications dans le sens du progrès technique.
Les descriptions techniques ci-dessus sont donnée sans engagement et seulement à titre d'information.

EXPORTEUR
TRANSPORTMASCHINEN EXPORT-IMPORT
DEUTSCHER INNEN- UND AUSSENHANDEL BERLIN W8
DEUTSCHE DEMOKRATISCHE REPUBLIK

Société ACTIF
39, Rue de Tanger, 39
PARIS (XIXe)

VEB SCHLEPPERWERK NORDHAUSEN

Gestaltung: DEWAG-WERBUNG Erfurt - W/V/13/1 - 2572 B - AG 50/8/200/61

„FAWI" 8—10

Der teilbare 4 Radschlepper mit den Vorzügen des Einachsschleppers

D. B. P.

Als Vierrad-Schlepper

Mit Allwetterverdeck

Techn. Einzelheiten

Dieselmotor, Farymann, 4 Takt
8 – 10 PS. 1500/750 Umdreh./Min.

Brennstoffverbr. 185gr./PS/Std.

Schmierölverbrauch 20 gr./Std.

Verdampfungs- od. Kondensat-Kühlung

ZF, Getriebe, 4 Vorw.- 1 Rückwärtsgang

1. Gang	1—3 Km/Std.	
2. „	3—6	„
3. „	6 – 10	„
4. „	10 – 20	„

Achsantrieb,
einzeln über ein automat. ZF Sperrdifferential

Spurweite 0,95/1,15 m

Engster Achsabstand 1,30 m

Bereifung normal 7,00 x 18"

Zahnstangenlenkung D. B. P.

Hand- und Fußbremse einzeln zu betätigen

Vorschriftsmäßige Beleuchtung
Bosch-6-Volt mit Horn
Lichtmaschine und
Steckdose für Anhänger

Gewicht ca. 580 Kg

Fahrzeugbau Widmann-Waiblingen

Neustadter Straße 72 - Telefon 8223

12 Vorteile zeichnen den kleinen, wendigen Schlepper besonders aus!

Mit kippbarem Anhänger

Mit eingehängten Pflügen, ohne Sitzbank

Mit angesteckter Pumpe

Grundgerät mit Verbindungsdeichsel

1. Als **4 Radschlepper** mit eingeschobener Schleppachse, Sitzbank und somit kurzem Radstand fahrbar.
2. Wendet als 4 Radschlepper auf der Stelle „Innenkreis 0"
3. Patentierte Hand- und Fußlenkung durch Motorkraft unterstützt.
4. Kipp- und abnehmbare Ladepritsche 1.40 x 2.20 m, 25—30 Ztr. Tragkraft.
5. Wendepflug, einhänge- und umsteckbar, Hubvorrichtung in Schleppachse eingebaut.
6. Mittels Hubvorrichtung kann normale Egge aus- und eingehoben werden.
7. Als **Einachsschlepper** können sämtliche vorhandenen Geräte wie Sämaschine, Wagen, Karrenpflug usw. durch eine Spezialdeichsel verwendet werden.
8. Vordermähwerk, Antrieb DBP. ang. durch 1 Handgriff ansteckbar und hochklappbar.
9. Sämtliche Vielfachgeräte können angebaut werden.
10. Angebaute Fliehkraftkupplung ermöglicht Antrieb sämtlicher Arbeitsgeräte, wie Baumspritzen, Sägen usw.
11. Beim Ziehen großer Lasten bäumt sich der Schlepper vorne nicht hoch, was bei jedem leichten 4 Radschlepper gefährlich ist.
12. Automat. ZF-Sperrdifferential ermöglicht auch bei weichem Boden gute Bodenhaftung.

Diplom-Landwirt
Walter Graepel
Vertrieb
Landwirtschaftlicher Bedarfsartikel
Oldenburg (Oldb)
Ziegelhofstraße 63

Der

22 PS WoTrak-Diesel-Universalschlepper

ist mit dem mehr als 100 000 fach bewährten DEUTZ-Motor Bautyp F 2 M 414 ausgerüstet.

GRÖSSTE WIRTSCHAFTLICHKEIT
HÖCHSTE BETRIEBSSICHERHEIT
ROBUSTE UND UNEMPFINDLICHE BAUWEISE

Vorgesehen ist die Anbringung sämtlicher Anbau- und Anhängegeräte sowie hydraulischer Kraftheber. Das ist die Erfüllung einer Forderung die überall, besonders in der Landwirtschaft volle Anerkennung gefunden hat.

WoTrak 22 PS Ackerschlepper
WoTrak 22 PS Straßenschlepper

TECHNISCHE EINZELHEITEN:

DEUTZ-Motor:
Type F 2 M 414

Getriebe:
Differentialsperre
Zapfwelle
Riemenscheibe
Mähantrieb

Beleuchtung:

Lichtmaschine 75 Watt, 6-Volt Batterie, 2 Scheinwerfer mit Fern- und Standlicht, Schlußlicht, Signalhorn. Außerdem eine Vorglühanlage zum leichteren Anlassen.

Abmessungen und Gewichte:

Größte Länge		mm	2800
Größte Breite		mm	1520
Größte Höhe		mm	2165
Spurweite		mm	1275
Radabstand		mm	1650
Reifengröße vorn			5.00-16
Reifengröße hinten			9.00-24
Bodenfreiheit		mm	330
Drehzahlen:	Motor	Min.	1500
	Riemenscheibe	Min.	1350
	Größe:	mm	230x140
	Zapfwelle:	Min.	540
	Durchmesser	mm	35
Kraftstoffvorrat		l	40
Fahrgeschwindigkeiten:	3,15 - 5,95 - 10,2 - 18,5 R. 2,45		
Kraftstoffverbrauch:	bei Vollast 215 / g / PS / St		
Gewicht		kg	1700

Anhängevorrichtung:

Kupplung für Anhänger, Anhängeschine für Ackergeräte.

Sonderausrüstungen:

Wetterschutzdach mit Windschutzscheibe
Gefederte Vorderachse
Elektrische Anlasservorrichtung
Schwungkraftanlasser
Seilwinde
Luftkompressor zum Aufpumpen von Bereifungen
Anbaumäher Normal-, Mittel- und Tiefschnitt
Ölhydraulischer Kraftheber für sämtliche Anbaugeräte

Arbeitsleistung:

in 10 Arbeitsstunden bei mittelschweren Bodenverhältnissen

Tiefpflügen	ca. 6 - 8 Morgen
Saatpflügen	ca. 10 - 12 Morgen
Schälen	ca. 20 - 25 Morgen
Eggen	ca. 40 - 50 Morgen
Mähen	ca. 25 - 30 Morgen
Anhängelast:	ca. 15 t auf ebener Straße

Anbau-Wechselpflug mit ölhydraulischem Kraftheber

Abbildungen, Maße und Gewichte unverbindlich. Änderungen vorbehalten.

WOLFENBÜTTELER *Traktoren* GESELLSCHAFT M.B.H.

ST. ANDREASBERG - SPERRLUTTERTAL / OBERHARZ · Fernruf: St. Andreasberg / Oberharz Nr. 104

Vertreter: Diplom-Landwirt
...bedarfsartikel
...(Oldb)
Ziegelhofstraße 63

DIESEL-KLEINSCHLEPPER
WURR 25 PS

DER UNIVERSALSCHLEPPER
FÜR ACKER UND STRASSE MIT ACKERLUFTBEREIFUNG

12½ PS

Der billigste und beste Helfer bei der Feldbestellung

Durch Ackerluftbereifung größeres Zugvermögen, 30% mehr als bei eisenbereiften Rädern, größte Schonung der Maschine und der jungen Saat

Der vielseitige Schlepper

für

Landwirtschaft

Dreschbetrieb

Industrie

Nebenstehende Bilder veranschaulichen die Pflugarbeit, Trecker neben der Furche fahrend, bei 30 cm Tiefgang

Schlepper mit Grubber

Das Gerät zur Unkrautvertilgung. Ersetzt den Schälpflug vollständig und ist der beste Helfer für den Zwischenfruchtbau

TECHNISCHE ANGABEN

Motor: Junkers Gegenkolbenmotor — Diesel — 12½ und 25 PS

Betriebsstoffe: Rohölverbrauch bei 10stündiger Arbeitszeit 12½ PS ca. 15—18 Liter
25 PS ca. 30—32 Liter

Schmieröl: Verbrauch äußerst gering (ca. 5 gr. pro PS/Std.)

Kühlung: Thermosiphonkühlung und Ventilator

Getriebe: Blockgetriebe, direkt am Motor angepflanscht, sämtliche Zahnräder im Ölbad laufend

Kupplung: F&S-Mecano-Einscheibenkupplung, stabil, leichte Bedienung, keine Wartung

Schaltung: Kugelschaltung 4 Vorwärtsgänge 3,9 — 6,1 — 8 — 16 km 1 Rückwärtsgang

Lenkung: Schneckenlenkung, neueste Bauart, nachstellbar, leichter Gang

Bremsen: Fußbremse (Innenbackenbremse), auf die Hinterräder wirkend; vollkommener Bremsausgleich, unempfindlich, leicht nachstellbar.
Handbremse, als Bandbremse auf die Vorgelegewelle wirkend

Spezialausführung: Einzelradbremsung

Bereifung:
12½ PS vorn 5,50 × 16, hinten 8,00 × 20
auf Wunsch hinten 9,00 × 24
25 PS vorn 6,00 × 20, hinten 11,25 × 24

Beleuchtung: Lichtmaschine 60 Watt, Batterie, 2 Scheinwerfer, Schlußlicht

Masse:

12½ PS	Länge	ca. 2,50 m
	Breite	ca. 1,55 m
	Höhe	ca. 1,60 m
25 PS	Länge	ca. 2,65 m
	Breite	ca. 1,60 m
	Höhe	ca. 1.70 m

Gewichte:

12½ PS	Type C	ca. 1560 kg
	Type F	ca. 1400 kg
25 PS	Type C	ca. 2075 kg
	Type F	ca. 1750 kg

VORZÜGE

Einzelradbremsung: ermöglicht **kürzestes Wenden,** fast auf der Stelle, **gerades Pflügen an Abhängen, Auspflügen ungleicher Flächen** (Keilstücke), **Abbremsen des rutschenden Rades,** daher Festfahren fast ausgeschlossen

Äußerst leichtes Anspringen bei jeder Witterung, ohne jegliche Hilfsmittel

Günstigste Anbringung der Riemenscheibe und Zapfwelle

Ackerluftbereifung, gewährleistet größte Schonung der Maschine und größte Zugkraft

Normalausrüstung jederzeit **als Sattelschlepper** verwendbar

Großer Luftfilter nach modernster Konstruktion, daher größte Schonung des Motors

Greiferräder, nach praktischen Erfahrungen gebaut, für jeden „Wurr"-Trecker passend; leichte Montage, — ⅙ Umdrehung genügt, um den Trecker für den Acker bzw. die Straße verwendbar zu machen (Zeit 1 Minute) —, durch seitliches Anbringen der Greifer ist ein Verschmieren und Verstopfen ausgeschlossen; die Greiferplatten sind so angeordnet, daß sie den Boden im Anfang flach berühren

Richtige Fahrgeschwindigkeiten:

beim Pflügen	3,9— 6,1	km
beim Grubbern, Eggen und Mähen	6,1—8	km
beim Einfahren	16 —17	km

LEISTUNGEN AUF DEM ACKER jeweils in 10 Stunden

	12½ PS	25 PS
Tiefpflügen, 2 scharig	ca. 5 Morgen	10 Morgen
Saatpflügen, 2 scharig	ca. 7— 8 Morgen	15 Morgen
Schälen, 4—5 scharig	ca. 12—13 Morgen	24—25 Morgen
Grubbern	ca. 17—20 Morgen	35—40 Morgen
Mähen mit Anbau-Mähbalken	ca. 20—22 Morgen	25—30 Morgen

ZUGLEISTUNG AUF DER STRASSE

	12½ PS	25 PS
bei ebener, fester, trockener Straße im ersten Gang	ca. 200 Zentner	400 Zentner

Rahmenlose geschlossene Bauart
„Blockkonstruktion"

Motor: Junkers - Gegenkolbenmotor $12\frac{1}{2}$ oder 25 PS, mit Delbag-Luftfilter, Hochleistungskühler und Ventilator, Brennstoffpumpe mit Regler, Druckumlaufschmierung durch Zahnradölpumpe. — Motor ohne Ventile, ohne Vergaser, ohne Zündung. — Durch den Arbeitsgang der beiden Gegenkolben wird die Frischluft stark erhitzt, die Zündung erfolgt dadurch von selbst

Zapfwelle;
Riemenscheibe hinten in Fahrtrichtung arbeitend und durch die Zapfwelle angetrieben. Untere pendelnde Anhängevorrichtung für Ackergeräte,
obere Anhängevorrichtung für Wagen

Greiferrad
Moment-Aus-und Einstellung
neuester Konstruktion

PRINZ
ZETTELMEYER
Diesel-Schlepper
15 km
Der beste Helfer in
der Landwirtschaft
Hubert Zettelmeyer A.-G., Konz b. Trier
Maschinenfabrik und Eisengiesserei

Zettelmeyer Diesel-Schlepper für den Landwir

Mit Voll-Dieselmotor - sofo startbereit - 2 Zylinder, 20 P

4-Gang-Getriebe

(4 Vorwärtsgänge und 1 Rüc wärtsgang)
führerschein- und steuerfrei!

Motor:

Zweizylinder Viertakt-Motor, 2 PS, mit auswechselbaren Zylinde büchsen, kein zeitraubendes un teures Ausschleifen!

Als **Voll-Diesel** höchster Wi kungsgrad und geringster Brenr stoffverbrauch - ca. 20% geringe als bei Glühkopfmotoren - Weg fallen des lästigen Anwärmen beim Start. Große Öffnungen und guter Zugang zu den Pleue lagern, Ausbau der Pleuelstangen und Kolben ohne Demontag des Motors.

Brennstoffpumpe mit Regler, Drehzahlregulierung, Druckumlauf schmierung mit Schmierölpumpe, Auspuffleitung mit Schalldämpfer

Kühlung des Motors:

Umlaufkühlung durch Umwälzpumpe mit Kühler und Ventilator

4-Gang-Getriebe (4 Vorwärtsgänge und 1 Rückwärtsgang)
Größte Ausnutzungsmöglichkeit der Motorleistung, daher Herab setzung der Betriebskosten.

Kraftübertragung:

Stark bemessene Einscheiben-Trocken-Kupplung. Präzisions-Getriebe aus Chromnickelstahl der Zahnradfabrik Friedrichshafen. Kegel rad mit Spiralverzahnung, guter Wirkungsgrad, ruhiger Lauf größte Betriebssicherheit durch große Zahnüberdeckung. Stirn räder im Gehäuse, Kegelrad-Ausgleichgetriebe. Wellen und Zahn räder im Ölbad laufend - keine Kettenübertragung - daher größte Bruchsicherheit!

Motor und Getriebe:

In rahmenloser Bauart in einem Block verschraubt, einfach, zugänglich, unverwüstlich.

3-Punkt-Lagerung:

Vollkommenste Anpassung an alle Bodenunebenheiten, Verwindung ausgeschlossen, größte Schonung des gesamten Schleppers, gleich betriebssicher auf dem Acker, auf Feldwegen, in Kiesgruben, Asphaltstraßen usw.

Bremsen:

Zwei von einander unabhängige Bremsen; eine Getriebebremse als feststellbare Handbremse, eine Fußbremse auf beide Hinterräder wirkend.

Lenkung:

Kräftig mit Spindel und Mutter, staub- und öldicht eingeschlossen.

Bereifung:

4- oder 6fach, großvolumig, großer Durchmesser, breite Auflageflächen bieten sichern Halt und beste Durchzugskraft, gleichgroße Vorder- und Hinterreifen erlauben durch Austausch der Räder beste Ausnutzung der Reifen und Auswertung der Griffigkeit. Nur **ein** Ersatzreifen erforderlich.

Beleuchtung:

2 Scheinwerfer, ein Rücklicht.

Techn. Einzelheiten:

Gewicht	ca. 1500 kg
Länge über alles	2.60 m
Breite über alles	1.50 m
Höhe über alles	1.57 m
Spurweite vorn und hinten	1.20 m
Radstand	1.70 m
Geschwindigkeit	2,7 - 5 - 9 - **15** km/Std.
„ rückwärts	2,5 km Std.
Rohölverbrauch pro Std.	ca. 2 kg
Reifen-Abmessungen	855 × 170 mm
Beleuchtung	Karbidlampen
Preis ab Werk Konz:	**RM 4600.—**

Sonderausrüstungen

Riemenscheibe

zum Antrieb stat. Maschinen, 700 Umdr./Min., 320 mm Durchmesser, hinten angeordnet, leicht zugänglich, keine Behinderung des Riemens durch Kotflügel oder sonstige Maschinenteile, kein Schleifen, daher größte Schonung des Riemens, außerordentlich breite Riemenscheibe gestattet Verwendung jeder Riemenbreite . . . . . . RM 250.—

Zapfwelle

mit Riemenscheibe, 700 Umdr./Min., frei angeordnet, ermöglicht Anhängung von sowohl rechts- als auch linksschneidenden Bindemähern RM 300.—

Seilwinde RM 550.—

Der Kunde urteilt!

Adolf Bihler
Landwirt und Gastwirt
Langerringen bei Schwabmünchen
(bei Augsburg)

Langerringen bei Schwabmünchen, den 26. August 1935.

Mit dem von Ihnen gelieferten **Zettelmeyer-Traktor Type Z I** bin ich bisher **sehr zufrieden.**

Ich habe mit meinem **Cormick-Bindemäher** 50 Tagwerk Getreide und Bohnen gemäht und zwar im 2ten Gang, wäre auch leicht im 3ten Gang zu leisten gewesen, ist aber hierfür der Bindemäher nicht gebaut.

Ich habe den Traktor auch **im Ackern ausprobiert,** bei hartem, sandigem Lehmboden mit 2scharigem Sack-Pinscher-Anhängepflug mit 54 cm Arbeitsbreite und 18—20 cm Tiefe vom Festland gerechnet und hat der Traktor mit zwei hinteren Geländereifen im 2ten Gang leicht durchgezogen.

Mit dem **Kultivator 9 zinkig** habe ich mit dem 3ten Gang abgeerntetes Bohnenfeld aufgerissen und hat der Traktor auch diese Arbeit leicht geleistet.

Die Bedienung des Zettelmeyer-Schleppers ist **sehr einfach** und konnten uns rasch damit vertraut machen.

Der eingebaute **Deutz-Dieselmotor 2 Zylinder, 20 PS,** ist unglaublich **sparsam.** In 10 Stunden Bindemähen haben wir nur **15 kg dunkles Rohöl** à 13 Pfg. gebraucht.

Ich bin gerne damit einverstanden, wenn sich Interessenten bei mir persönlich überzeugen wollen. **Ich kann den Schlepper nur bestens empfehlen,** nachdem ich bisher mit einem im Betrieb bedeutend teueren Fordson-Traktor mehrere Jahre gearbeitet habe.

Mit Deutschem Gruß

gez. **Adolf Bihler.**

Heinrich Stooß
Landwirt und Autovermietung
Schwieberdingen b. Stuttgart

Schwieberdingen b. Stuttgart, den 2. September 1935.

Der von mir im Juni 1935 bezogene, damals neu herausgekommene **Zettelmeyer-Diesel-Schlepper, 20 PS, Type Z II,** 20 km, 2000 kg schwer, zwillingsbereift, mit Riemenscheibe, hat mir bisher sehr gute Dienste geleistet. Ich möchte diese wirklich vielseitig verwendbare Zugmaschine heute nicht mehr missen.

In meinem ziemlich umfangreichen Fuhrgeschäfte hat der Zettelmeyer-Schlepper jetzt oft täglich 15—16 Stunden gearbeitet und zwar Straßenbau-Steinmaterial etc. (bis 150 Ztr. in sehr bergiger Gegend) gezogen. Hierbei brauchte die Maschine mit normalen Stillstandspausen nur ca. 15 Liter Rohöl pro Tag.

In meiner Landwirtschaft und bei Lohnarbeiten hat der Zettelmeyer-Universaltraktor im 2. Gang mit dem **Bindemäher** gearbeitet, auch Stoppelfelder gepflügt, usw.

Das Anspringen des Motors erfolgt einfach und schnell.

Ich kann die Maschine nur bestens empfehlen und werde mir jedenfalls im Frühjahr noch einen weiteren Zettelmeyer-Schlepper anschaffen, was wohl die beste Empfehlung für Sie ist.

Heinrich Stooß.

Steinkohlen - Koks - Briketts
Johann Lanzrath
Rheinbach bei Bonn

Rheinbach, den 15. November 1935.

Ich bestätige Ihnen gerne, daß ich mit meinem Zettelmeyer-Dieselschlepper als Antriebsmaschine sehr zufrieden bin. Er treibt eine Holthaus-Reform 3 mit 15 Doppelztr. Körnerleistung und Claas-Presse Fortschritt, ohne irgendwie überlastet zu sein. Öl und Gasölverbrauch ist prospektmäßig. Als Zugmaschine bewährt er sich bei allen vorkommenden Arbeiten in Kohlenhandlung und Spedition gut.

Auf Landwegen geht er den Bodenverhältnissen entsprechend. Während des ganzen Sommers bin ich mit der kompletten Dreschmaschine und Presse (ca. 5,5 Tonnen) ohne jede Störung auf Landwegen und über Felder gefahren.

Im Übrigen möchte ich noch betonen, daß ich der Firma Zettelmeyer für ihr mir in jeder Weise gezeigtes Entgegenkommen und ihre zuvorkommende Behandlung ganz besonders dankbar bin.

Mit Deutschem Gruß!

Joh. Lanzrath.

Gottfried Rehse
Gemüsegärtnerei
Dittelstedt bei Erfurt

Dittelstedt bei Erfurt, den 10. Dezember 1935.

Ich bezog durch Ihren Generalvertreter Herrn Lorenz in Erfurt einen Ackerschlepper Z I. Nach beendeter Feldarbeit bestätige ich Ihnen gern, daß ich mit demselben in jeder Weise recht zufrieden bin. Ich habe denselben in meinen beiden Landwirtschaften mit bestem Erfolg eingesetzt. Ich habe mit Oliver-Zweischarpflug 25 cm tief und mit einem starken Sack'schen Einscharpflug 35 cm tief gepflügt. Meine in die Maschine gesetzten Erwartungen sind bei weitem übertroffen worden. Ich leiste auch meine sämtlichen landwirtschaftlichen Fuhren mit dem Schlepper, als auch meinen umfangreichen Blumenkohlversand nach dem Güterbahnhof Erfurt. Störungen habe ich bisher noch nicht gehabt. Der Rohöl- und Schmierölverbrauch ist sehr minimal. Ich kann die Maschine aus ehrlicher Überzeugung jedem Berufskollegen aufs wärmste empfehlen.

Gottfried Rehse.

Hagen - Schaar & Dathe Trier

HUBERT ZETTELMEYER A.-G., KONZ b. Trier
Maschinenfabrik und Eisengießerei - Telegramme: Zettelmeyer, Konz-Karthaus
Telefon: Konz 333 und 334 - Trier 1456